▶ 丛书主编 颜 实

碳中和与化学
——通向碳中和的化学之路

科学与文化泛读丛书·15

▶ 茅昱 著

山东科学技术出版社
·济南·

图书在版编目（CIP）数据

碳中和与化学：通向碳中和的化学之路 / 茅昱著. 济南：山东科学技术出版社，2025.7. --（科学与文化泛读丛书）. -- ISBN 978-7-5723-2786-5

Ⅰ.X511；TQ

中国国家版本馆CIP数据核字第20250S1J54号

碳中和与化学——通向碳中和的化学之路
TANZHONGHE YU HUAXUE
——TONGXIANG TANZHONGHE DE HUAXUE ZHI LU

书名题字：杜鹏飞
责任编辑：胡　明　蒋田田
装帧设计：孙小杰

主管单位：山东出版传媒股份有限公司
出 版 者：山东科学技术出版社
　　　　　地址：济南市市中区舜耕路517号
　　　　　邮编：250003　电话：（0531）82098088
　　　　　网址：www.lkj.com.cn
　　　　　电子邮件：sdkj@sdcbcm.com
发 行 者：山东科学技术出版社
　　　　　地址：济南市市中区舜耕路517号
　　　　　邮编：250003　电话：（0531）82098067
印 刷 者：山东新知语印务有限公司
　　　　　地址：山东省济南市商河县新盛街10号
　　　　　邮编：251600　电话：（0531）82339899

规格：32开（140 mm×203 mm）
印张：6　　字数：110千　　印数：1~2500
版次：2025年7月第1版　　印次：2025年7月第1次印刷
定价：33.00元

《科学与文化泛读丛书》
编委会

顾　问　郭书春

主　编　颜　实

编　委　（按姓名拼音排序）

李　昂	李永民	刘鸿亮
刘树勇	刘　毅	茅　昱
谭建新	田　勇	王　斌
王洪见	王晓义	王玉民
韦中燊	邢春飞	邢声远
熊　伟	徐传胜	徐志伟
薛啸尘	游战洪	张　欣
赵文君	周广刚	周金蕊

序

积极应对气候变化、实现碳中和目标已成为全球共识，也是我国推动经济和社会高质量发展、可持续发展的必由之路。实现碳中和目标不仅是一个承诺，也是全人类纠正工业发展中的历史错误、改善生存环境的努力尝试，是中国减少化石燃料依赖、实现可持续发展的重大机遇。这一进程与我们每一个人都息息相关。

温室气体减排看似简单，实则复杂。控制大气中温室气体的含量，就人类当前的科技水平来说仍面临巨大的挑战，任何单一的技术突破都不可能完全解决这个复杂问题，需要运用多种方法和路径来协同应对。这其中，难减排行业面临的挑战尤其突出，而化学工业更是其中情况最为复杂的一个。这是因为化学工业不仅本身存在大量的能源消耗和过程排放，还涉及原材料的使用和产品生命周期末端的废弃物处理，形成了多重排放的问题。化学工业的减排不仅对自身意义重大，也能为其他行业提供宝贵经验和信心。比如，化学工业在制氢技术上的突破可能对能源和交通等行业产生积极影响。

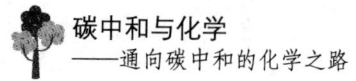

碳中和与化学
——通向碳中和的化学之路

在应对气候变化、实现碳中和目标的过程中，多种减排方式的实施将深刻影响全球经济运行模式和公众的生活方式。这种变革不仅需要政府、科学界和企业界的努力，也需要全社会的理解和认同。因此，对全民进行碳中和相关的科普教育至关重要，这将帮助人们更深入理解碳中和的重要意义、实现方法和重大影响，从而使人们对相关问题能做出客观判断。山东科学技术出版社与本书作者合作从科普角度解读碳中和背后的科学原理和技术应用，正是这一努力的体现。

习近平主席强调："科技创新、科学普及是实现创新发展的两翼，要把科学普及放在与科技创新同等重要的位置。"同样地，科普工作和科学创新一样，也面临着巨大的挑战。将复杂难懂的科学技术内容传递给知识基础和教育背景各不相同的读者，一直是科普工作者共同面对的难题。在这本书中，作者巧妙地将背景知识作为支线内容，以"多问一句"的方式穿插在相关章节中，既照顾到缺乏背景知识的读者，又增加了阅读趣味性，同时保持了主线内容的完整性，这是一种有趣的尝试。这不仅能帮助读者更好地理解实现碳中和面临的挑战，还能拓宽知识面，了解相关学科情况，提高科学素养。

如果说 2020 年习近平主席在第 75 届联合国大会上庄严承诺我国的"双碳"目标时，许多人尚未意识到其重要意义，那么到了 2024 年，在经历了有气象记录以来最热的夏天后，人们或许能更深切地感受到气候变化对生活的影响,以及实现"双碳"目标对我们国家未来的意义。希望这本书能助力广大读者在关系到国家和个人未来的碳中和之路上,既能理性分析、客观判断,又能积极参与、身体力行。我们相信,到 2060 年,我们将看到一个更加绿色、可持续发展的中国,孩子们在优美的环境中成长,城市中的绿地与蓝天交相辉映,而我们今天的参与和行动正是这一切的基石。

中国工程院院士 　贺克斌

目 录

序篇 温室气体与碳中和

一、《巴黎协定》与中国的承诺 …………………………… 1

二、难以清除和减少的二氧化碳 …………………………… 4

三、其他的温室气体 ………………………………………… 10

四、其他影响气候的因素 …………………………………… 15

五、达成碳中和的困难 ……………………………………… 19

上篇 化学工业的碳中和

一、化学工业的碳减排概述 ………………………………… 28

二、通过再造石油加工流程重建燃料和原料的平衡 ……… 30

三、化学工业温室气体排放的主要来源和减排路径 ……… 35

四、通过优化流程减少能源消耗 ……………………… 40

五、电能来源转换 ……………………………………… 42

六、用可再生能源电力来驱动蒸汽裂解工艺 ………… 46

七、在合成氨工艺中用可再生能源电力驱动甲烷裂解制氢 … 51

八、在天然气制烯烃工艺中用天然气干重整制合成气 …… 61

九、通过新的方法来减少蒸汽生产导致的温室气体排放 … 65

十、采用碳捕集、利用和封存技术来处理难以减排的工艺 … 70

十一、减少一氧化二氮等非二氧化碳温室气体排放 ……… 80

十二、等待革命性的技术突破 ………………………… 82

下篇 助力非化工行业碳中和的化学科技

一、大规模储能中的化学科技 ………………………… 89

二、风电行业中的化学科技 …………………………… 115

三、太阳能光热发电需要的化学科技 ………………… 121

四、光伏产业中的化学科技 …………………………… 125

五、未来氢能产业中的化学科技 ……………………… 130

六、氨能中的化学科技 ………………………………… 141

七、从空气中捕集二氧化碳 ………………………… 145

八、循环经济需要的化学科技 ……………………… 151

九、农业减排中的化学科技 ………………………… 162

参考文献 ……………………………………………… 179

序篇 温室气体与碳中和

一、《巴黎协定》与中国的承诺

为应对气候变化，197个国家在2015年12月12日于巴黎召开的缔约方会议第二十一届会议上通过了《巴黎协定》。协定在一年内便生效，旨在大幅减少全球温室气体排放，将本世纪全球气温升幅限制在2℃以内，同时寻求将气温升幅进一步限制在1.5℃以内的措施。

《巴黎协定》于2016年11月4日正式生效，是具有法律约束力的国际条约。目前，共有194个缔约方（193个国家加上欧盟）加入了《巴黎协定》。

多问一句

世界上谁在管理有关气候变化的具体技术事务？

政府间气候变化专门委员会（Intergovernmental Panel on

Climate Change,IPCC)是一个附属于联合国之下的跨政府组织,在1988年由世界气象组织、联合国环境署合作成立,专门负责研究由人类活动所造成的气候变迁。该委员会会员限于世界气象组织及联合国环境署之会员国。

政府间气候变化专门委员会本身并不进行研究工作,也不会对气候或其相关现象进行监察,其主要工作是发表与执行与《联合国气候变化框架公约》(1992年5月9日由联合国大会通过)有关的专题报告。政府间气候变化专门委员会主要根据成员互相审查对方报告的结论及已发表的科学文献来撰写专题报告。

IPCC有三个工作组:第一工作组(WG Ⅰ)评估气候变化的物理科学基础;第二工作组(WG Ⅱ)评估社会经济和自然系统面对气候变化的脆弱性、气候变化的后果以及适应气候变化的选项;第三工作组(WG Ⅲ)评估减缓气候变化、减少温室气体排放以及去除大气层之温室气体的方法。

IPCC曾协助各国于1997年在日本京都草拟了《京都议定书》,协议目标是在2010年时让全球碳排放量比1990年时减少5.2%,有170多国核准了该协议。

IPCC于2007年12月获得诺贝尔和平奖,以表彰他们努力建立并推广人为造成之气候变化的相关知识,并为人们对抗气候变化的因应措施奠定了衡量的基础。

中国国家主席习近平 2020 年 9 月 22 日在第七十五届联合国大会一般性辩论上发表讲话，提出中国将提高国家自主贡献力度，力争于 2030 年前实现"碳达峰"（达到峰值开始下降），并努力争取 2060 年前实现碳中和（净零排放）。

时间来到今天，《巴黎协定》已经生效近 9 年，而中国的碳中和承诺也已经过去近 5 年，我们能否在经济飞速增长的情况下按时按量地兑现我们的诺言？答案就在科技之中，随着科技的发展，预计我们将很快进入碳中和的加速时代。

在我们展开化学工业和化学科技在碳中和这一伟大事业中的贡献的话题之前，让我们先从化学的角度看一下二氧化碳是如何成为我们这个时代的主角的。

二、难以清除和减少的二氧化碳

二氧化碳是一种非常稳定的气体,碳原子和氧原子结合的化学键非常稳定,相比有机物中的碳氧双键,二氧化碳的碳氧双键因为一些特别的原因而更加稳定。在化学中,我们以键能来表示化学键结合的稳定性,一般而言,键能越大,打破这个化学键需要输入的能量就越大。对比地球大气中三种最主要的气体,氮气中两个氮原子形成的三键的键能超过了 900 千焦/摩(941.7 kJ/mol),而氧气中两个氧原子形成的双键的键能则连 500 千焦/摩都不到(498 kJ/mol),二氧化碳中碳原子和氧原子之间的双键的键能则达到了 750 千焦/摩(750 kJ/mol)。可见氮气的化学性质最稳定,极少参与化学反应,因此也经常作为保护气体使用(如薯片包装中就充满了氮气以免薯片接触氧气而变黄)。而二氧化碳也是非常稳定的气体,这就导致了大气中的二氧化碳不会自发转化为其他物质,而是经年累月积累起来,要靠化学方法去除二氧化碳,也是一件非常困难的事。

二氧化碳在我们生活中极其常见,我们每天无时无刻不在进行的呼吸就会排放二氧化碳，那么二氧化碳怎么就成了温室气体呢？

如果你走进温室，可能会问：为什么在寒冷的冬天，在阳光下也瑟瑟发抖的你，在没有热源的透明温室中却能感受到比外界高得多的温度？而在密闭的房间中，虽然墙壁更厚，却没有那么暖和的感觉？

1820年，法国物理学家和数学家傅里叶对于地球表面的温度进行研究，并借助一个模型计算出：如果有一个像地球大小的物体，到太阳的距离也与日地的距离一样，若只考虑入射到地球表面的太阳辐射的加热效应，这个物体应该比地球实际的温度更低（即更冷）。他检查了其他的可观察到的热源后认为，星际辐射可能占了热源的一部分；进而还考虑到一种可能性——地球的大气层可能是一种"隔热体"。今天，大气层是一种"隔热体"的看法已被广泛接受。这就是现在广为人知的温室效应观点的雏形。傅里叶认为，在大气中，气体可形成稳定的屏障（像玻璃一样），这可能导致了一种"温室效应"。相关的还有"温室气体"的概念。

所谓温室气体，是地球的红外辐射在射向太空时，一部分辐射被大气层中的某些种类的气体吸收，最终仍返回地面，并导致地球温度上升。这种（温室）气体的功用就像玻璃（窗），只让太阳光进入大气层，而阻止部分光线从大气层逸出，从而使这种气体表现出保温甚至升温的作用。

太阳辐射能使地球表面重新发射波长更长的红外辐射，它们向各个方向辐射时，有一部分又重新回到地表，使地表温度升高，其中部分热能可被储存于地表。这就为人类乃至整个生物圈提供了一个宜居的环境。

具体地讲，大气中的水蒸气和二氧化碳可将长波辐射近乎全部阻留在大气层之下的地表，这就使地表和大气层之下的温度升高，进而使地球增温。由于人类活动的影响，大气中的温室气体的量不断增加，进而使海平面上升和气候异常。当前最主要的温室气体是二氧化碳，其次是甲烷、臭氧和氟利昂（氟利昂还能破坏臭氧层，因此在新的制冷技术中已不再使用氟利昂了）。温室效应与酸雨、臭氧层破坏被列为当今世界三大环境问题。

多问一句

为什么太阳的短波辐射照射到地球上就变成了长波辐射呢？

所有温度超过绝对零度的物体都会发出红外辐射，辐射的波长取决于物体表面的温度高低。温度高的物体，红外辐射的波长短，频率高，比如太阳表面的温度很高，所以太阳辐射中，红外波段部分就以较短波长为主。而地球表面的温度较低，即便接收了太阳的短波辐射出现了升温，对外的红外辐射依然是波长较长、频率较低的长波红外辐射，这种辐射无法透过大气中的二氧化碳和水蒸气等"温室气体"。

那么地球大气中的二氧化碳是怎么来的呢？

这和大气中的碳循环有很大的关系。与我们了解得更多的水循环一样，水在环境中以气体、液体、固体不同状态相互转换，形成循环，碳也通过碳循环在我们的环境中以单质、有机物、二氧化碳和碳酸盐等不同的存在形式相互转换。大气中的二氧化碳就是碳循环过程中留在大气中的那部分，这也是"碳中和"需要减少的部分。大气中二氧化碳的主要来源是燃烧化石燃料（如燃煤发电或取暖、燃油发动机工作、燃烧天然气取暖或烹饪等），以及一些工业行业的化学反应，如炼焦、炼钢、水泥制造、天然气制氢等过程中的化学反应会产生二氧化碳，此外地球的地质活动如火山爆发和山火燃烧等也会排放二氧化碳，当然动物和植物的呼吸作用也会排放二氧化碳到大气中。

碳循环中，还有一个过程也会释放二氧化碳，这就是在我们常见的喀斯特地貌中，以碳酸盐为主的石灰岩会与水和二氧化碳反应被溶解侵蚀，产生碳酸氢根离子溶于水中，水中的碳酸氢根离子增多，与水中的氢离子反应就会产生碳酸，碳酸部分分解就会产生二氧化碳，相关的反应式见下。虽然这种方式产生的二氧化碳量极少，溶岩地貌的形成也需要数万年的时间，但这给了科学家启示：如果将二氧化碳转化为碳酸盐，将是一个非常好的能稳定储存碳元素从而减少大气中二氧化碳的方法。

$$CO_2+H_2O \rightleftharpoons H_2CO_3 \rightleftharpoons H^++HCO_3^-$$

$$H_2CO_3+CaCO_3 \rightleftharpoons Ca^{2+}+2HCO_3^-$$

那么大气中的二氧化碳怎么减少呢？

最主要的方式就是绿色植物的光合作用。地球上的森林、草原，海洋中的植物，甚至农作物、花园中的绿色植物，都可以在阳光的作用下，将空气中的二氧化碳转化为自身的有机物，从而将碳储存在自己的体内。这部分二氧化碳的减少对地球而言极其重要，目前所知，森林对二氧化碳的转化贡献最大，因此保护森林资源以及植树造林就是温室气体减排的最有效方式。

还有非常多的二氧化碳被海洋吸收。二氧化碳溶解于海水后会转化为碳酸，提高了海水的酸性。关于海水酸化的影响，目前科学家正在研究之中，很多科学家也担心超量二氧化碳排放对海洋环境甚至洋流产生影响，进而影响全球气候。

近年来随着气候变化逐步得到重视，人类开始尝试使用工业方法来减少空气中的二氧化碳，具体方法和效果将在本书后面两篇中详细介绍。

> **多问一句**

科学家们是如何知道历史上大气中的二氧化碳含量的呢?

科学家们目前通过很多种办法在研究历史上大气中二氧化碳的含量。被认为比较可靠的方法是钻取南极的冰芯,因为冰层的深度可以相对准确地对应不同的年代,而冰芯中的气泡就包含着数十万年间的大气。那我们怎么知道有气象记录之前的地球气温呢?通过对比冰层中氧同位素 ^{18}O 的含量。氧在自然界有三种同位素 ^{16}O、^{17}O、^{18}O,其中海水中 ^{16}O 和 ^{18}O 有着一个相对稳定的比例,随着气温不同,极地降水中的 ^{18}O 含量会发生变化。通过分析冰芯中不同年代冰层的 ^{18}O 含量,就可以了解当时的气温情况。

三、其他的温室气体

二氧化碳并不是唯一的温室气体，大气中天然就存在约30种能产生温室效应的气体。在我们了解其他温室气体之前，我们需要知道，大气中的温室气体是很重要的，如果没有温室气体产生的温室效应，地球不仅会变得极其寒冷而不适合人类居住，昼夜温差也会是现在的许多倍，正是温室气体使得地球的气温稳定在一个人类和动物能接受的范围内。只是最近100多年来出现的温室气体浓度快速上升和气温逐步升高现象引起了人们的注意，从而要减缓这个气候变化的趋势，而并非是要消除所有的温室气体。

1. 水蒸气

大气中的水蒸气就是一种温室气体，但大气中水蒸气的含量和人类活动关系不大，换言之人类很难通过改变自己的行为来减少水蒸气的含量以缓和气候变化，同时空气中的水蒸气受到云层、降水等影响而分布不均，因此水蒸气虽然也属于温室气体，并且其作用占温室效应的60%～70%，但并不需要（而且人类也没能力）实施控制。

2. 臭氧

臭氧是另一种温室气体。臭氧的分子式是 O_3，是氧气分子在一些特殊条件下（如通过电离辐射）转化而成的。臭氧的分子结构并不是非常稳定，本身是一种强氧化剂，很容易和其他物质反应转化为氧气或其他化学成分，同时臭氧在大气中的含量也非常不均匀，所以臭氧分子本身造成温室效应的能力虽然比二氧化碳稍强，但却不是温室效应的主要人为驱动因素，而且在地球大气高空的平流层中的臭氧层起到了保护地球不受致命的紫外辐射影响的作用。因此，臭氧也不被列入需要控制的温室气体，虽然有研究表明，部分局部区域的气候异常可能是该地区臭氧含量过高造成的。

需要注意的是，臭氧在高空能阻隔紫外辐射，在低空却是一种污染物，很多人在很低的臭氧浓度下就感到不适，所以低空臭氧一直是一种需要控制的污染物。

> 多问一句
>
> **臭氧是怎么产生的？**
>
> 大气中的臭氧产生主要有两种途径：自然产生和人为产生。
>
> 自然产生臭氧主要是通过紫外线和闪电。在地球的平流层中，紫外线（UV）照射是产生臭氧的主要自然过程。紫外

线的能量足以分裂氧气分子（O_2）产生氧原子（O），这些氧原子随后与氧气分子反应生成臭氧分子（O_3）。闪电也可以产生臭氧，当闪电发生时，高温和能量可以促使氧气分子分解并重新组合形成臭氧。

人为产生则主要来源于工业排放和人类活动。工业活动和汽车尾气排放会产生氮氧化物（NO_x）和挥发性有机化合物（VOCs），在阳光照射下，通过一系列复杂的光化学反应生成臭氧，这是低层大气或对流层中臭氧增加的主要人为来源。在室内，有些电子设备也会在运行时产生少量的臭氧，如激光打印机。

3. 甲烷

另一种我们熟悉的温室气体就是甲烷——天然气的主要成分。甲烷的温室效应可以达到二氧化碳的数十倍，而且与人类活动密切相关，就其总量而言，是仅次于二氧化碳的需要妥善管理的温室气体。甲烷的温室效应强，而且甲烷本身也很稳定，在大气层中的寿命可达12年之久，容易积累，而和二氧化碳相比，绿色植物、海洋、土壤都很难吸收甲烷，因此甲烷是一种必须认真对待的温室气体。

大气中的甲烷主要是由农业种植和畜牧业产生的。在缺氧的环境下，土壤中的细菌会进行无氧代谢而产生甲烷，这在水稻种植过程中尤为明显。同时，反刍动物（如牛、羊）

因为缺乏胃酸，难以消化草料，需要长时间咀嚼反刍，半消化状态的草料在缺乏氧气的消化道中也很容易被动物体内的细菌代谢而产生甲烷，通过动物打嗝和放屁排放入空气中。虽然类似的过程在其他动物甚至人类体内也会发生，但相比反刍动物而言，产生的甲烷气体的量几乎可以忽略不计。另外，甲烷也是天然气的主要成分，人类开采运输天然气过程中也有少量的泄漏，对全球气候变化也有一定的影响。欧洲"北溪"天然气管道被炸，导致的天然气泄漏产生的温室气体排放效应甚至超过了丹麦全国一年的温室气体排放。

4. 一氧化二氮

一氧化二氮俗称笑气，在医学界曾被用作麻醉剂，很多人不知道的是，它的温室效应可达二氧化碳的上百倍，而且可以在大气中存在上百年而不会被反应。这种气体的产生又和人类活动有着密切的关系，因此是一种非常需要控制的温室气体。一氧化二氮是氮氧化物的一种，在汽车尾气排放、化工制造过程中都会产生，目前控制一氧化二氮的主要方法是使用高效的催化剂，在一定温度条件下将这种氮氧化物分解为氮气和氧气。

5. 含氟气体

一部分含氟气体也是温室气体。这部分气体也主要是人类活动产生的，目前在大气中含量极少，但其温室效应可以达到同等分子数的二氧化碳的数千甚至上万倍，而且在大气中留存的时间可能长达数万年，一旦失控，非常容易积聚并加速温室效应。因此，国际上将这类气体列为需要严格控制的温室气体。

目前，IPCC将二氧化碳、甲烷、一氧化二氮和三类含氟气体确定为需要控制的温室气体。也就是说，未来气候保护和碳中和目标中需要纳入的不仅仅是二氧化碳，还包含了甲烷、一氧化二氮和含氟温室气体。

四、其他影响气候的因素

地球的气候系统非常复杂,即使是现在的理论也无法解释所有的现象,显然地球的气候问题肯定不是单纯受到温室气体的影响。了解影响气候的其他因素,有助于我们寻找最合适的保护气候的方式。当然这个问题目前还需要更深入的研究,以下只是简单列举一下除了温室气体之外的一些被认为会影响气候的因素。

1. 云层

大气中的云层的作用,从下方看,云层将红外辐射反射回地表,从而产生变暖效应;从上方看,云层反射阳光并向太空发射红外辐射,从而发挥降温作用。不同的全球气候模型的云表示方式各不相同,云量的微小变化会对气候产生很大影响。行星边界层云建模方案的差异会导致气候敏感性导出值的巨大差异,响应全球变暖而减少边界层云的模型的气候敏感性是不包括此反馈的模型的两倍。然而,卫星数据显示,云层的光学厚度实际上会随着温度的升高而增加。净效应是变暖还是变冷取决于云的类型和高度等细节,这些都是气候模型中难以表示的。

2. 积雪和冰川

积雪和冰川对太阳辐射的反射作用,使得短波辐射依然以短波辐射的方式穿透大气层被反射到太空中,可以减少热量的吸收。随着全球气温升高,积雪和冰川面积减少,颜色更深的土地裸露出来,太阳的短波辐射就会被转化为长波辐射反射入大气层而被温室气体阻隔,使得气温升高加剧,进而融化更多的积雪和冰川,这就会形成一个正反馈,从而加剧全球气候变化。

3. 海洋

海洋对整个地球气候起到了极其重要的作用。海水不仅能吸收大量的二氧化碳,而且海水还能吸收巨大的热量,洋流对全球陆地的气候也起到了巨大的调节作用。海洋对气候变化的作用机理非常复杂,但可以肯定海洋对气候保护是有巨大的调节作用的,只是海洋的调节作用也是有限的,一旦超越某个阈值,海洋的调节能力就可能降低。

4. 太阳辐射

地球上的所有热量几乎都来自太阳,因此太阳如果出现一些变化，将影响地球气候。目前全球包括中国在内，已经有多个国家在使用包括航天器在内的各种手段持续不断地观测太阳的变化。在工业革命甚至人类出现之前，地球的气候也存在着剧烈的变化，这些变化的原因还不是很清楚，但太阳很可能扮演了一个非常重要的角色。

5. 火山活动

火山活动会将大量的热量、气体和粉尘释放到地面，即使现在的地球已经经历了46亿年的演变，火山活动依旧很活跃。1991年菲律宾的皮纳图波火山的喷发是20世纪最大的火山活动事件，事后的研究表明，喷发到大气中的大量火山灰很可能是当年地球平均温度降低的重要原因。

6. 其他自然因素

如森林野火，如果不能控制好，会在短时间内向大气中排放大量的二氧化碳。在澳洲大陆上很多灌木丛林植物会在自然条件下定期燃烧，有些桉树和斑克木树种就是依赖野火来使得自身的种子开裂从而进行繁殖。这种野火已经成为澳洲生态的一部分，但燃烧会排放大量的温室气体，进而对气候产生一定的影响。

导致地球气候变化的因素很多，科学家也没有完全搞清其中的机理，从现在的研究看来，即使在工业革命前的历史时期里，地球的气候变化也非常剧烈。我们可以确定的一点是：导致气候变化的诸多因素中，其中一些的确与人类活动有关，但也有很多与人类活动无关，但为了人类自身的生存，保护气候的目标也只能通过改变人类自身的活动来达成。

五、达成碳中和的困难

大气中二氧化碳的浓度,从工业革命开始一路飙升,主要原因是工业和生活中大量燃烧煤、石油、天然气等化石燃料。这些燃料主要是由含碳的有机物组成,燃烧后会产生二氧化碳。那么进入现代社会的我们,能不能摆脱化石燃料呢?这个难度相当大,原因如下。

1. 能源和交通行业对热机的巨大依赖

我们的社会运转大量地依赖以煤、石油和天然气为燃料的热机来驱动,比如汽车使用的内燃机就是以汽油为燃料的活塞式内燃机,而大部分火力发电的发电机则是以煤为燃料的蒸汽轮机,喷气式飞机则基本都依靠以航空煤油为燃料的燃气轮机,民用船舶更多使用以柴油为燃料的内燃机……如果我们将历史翻回到工业革命之初,那时主要的变革就是人类使用蒸汽机来带动纺纱机和织布机,继而带动铁轨上的火车以及轮船,而这些机械在使整个人类社会摆脱了畜力和人力限制的同时,二氧化碳的排放也悄然升高了。

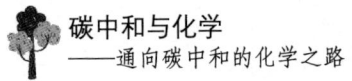

我们的现代社会对这些热机的依赖程度有多高呢?可以说在最重要的交通和能源领域,我们目前在船舶和航空器上,没有可替代的成熟方案来取代燃烧化石燃料的热机;在地面交通上,使用电力来替代化石燃料的只有汽车中的乘用车和火车中的电力机车,而中型到重型的货运车辆以及大部分的火车依然使用内燃机。即便是用电力驱动的交通工具,其电能的来源也主要依靠燃烧化石燃料的火力发电,不产生二氧化碳的水力、太阳能、风力、地热和核动力发电等加在一起也只有不到总发电量的一半(其中可再生能源电力2022年约占总发电量的29%)。

因为热机和电机相比,热机的输出功率更大,化石燃料的能量密度又远超电池材料,因此,陆上的货运车辆和海上的长途运输船舶以及飞机都无法使用电池来驱动。电力机车之所以能替代部分内燃机车,是因为可以依靠电网提供电力,而在没有电气化的铁路上还是要依靠内燃机车甚至部分蒸汽机车来运输货物和人员。虽然近年看到很多新能源车出现,但事实上,目前的新能源多数只能用于功率相对较小的车辆。

在能源领域,发电是另一个重要的温室气体排放源头。虽然我们可以通过不使用化石燃料的发电方法来解决温室气体排放的问题,但是,这些发电方法还无法取代火力发电。因为电能很难储存,因此供电系统主要依靠电网按用户的需求分配指挥发电时间和发电量,让发电和用电处在一个动态平衡的状态下，而火力发电的方式非常灵活，机组的功率可调节能力强，也基本不受天气、地理等自然条件或时间的限制，因此是整个电网发电的主力。

与火力发电不同，太阳能发电只能在白天，风电则受季节影响很大，而且这两种发电方式都受制于地理和气候环境。核能发电主要受核燃料地球储量的限制和一些安全上的限制，水力发电虽然非常清洁，但也受自然和地理条件以及降水的影响，时有波动。因此，如果电网以火力发电为主、其他发电方式为辅的状况运作，就能很好地利用能源，并平衡需求和供给，保证电网的稳定；但如果以其他发电方式为主、火力发电为辅甚至不再使用火力发电，用电需求的时间曲线与发电的时间曲线就可能产生巨大的背离，导致发电和用电的不平衡，进而影响电网稳定和用电的体验。

由此可见，人类对热机的依赖程度很高，无论是在发电还是交通运输领域，大量使用内燃机和外燃机将不可避免地向大气排放大量的二氧化碳，而使用电机和新能源发电还面临着一系列的问题需要解决，无法一蹴而就。

2. 采暖和加热的工业过程大量需要锅炉的应用

目前世界上很多需要大规模高温加热的过程，也需要大量地依靠化石燃料的燃烧。比如，寒冷地区的集中供热（城市暖气），很多都是依靠燃煤的锅炉加热水来达成的；炼钢

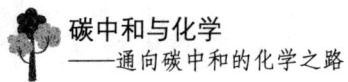

碳中和与化学
——通向碳中和的化学之路

和铸造这类冶金和机械加工行业,也需要高温熔化金属;化工过程中的蒸汽裂解和催化裂化工艺,都需要500~800℃的高温,也是通过燃烧获得的;甚至生产洗衣粉和奶粉使用的喷雾干燥工艺,也需要燃烧锅炉产生的热空气来将喷雾的浆料干燥为粉末。这些过程都会直接向大气中排放大量的二氧化碳,使得房屋采暖、冶金、石油、化工和水泥等领域成为除了能源和交通之外最大的几个温室气体排放源头。

多问一句

为什么称煤、石油和天然气为化石燃料?
还有其他的什么燃料?

化石燃料的名称来自这些能源物质的来源。煤、石油和天然气都是远古的动物和植物的有机质被埋入地层后,在漫长的地质变化中,经历了特定的过程形成的,这个过程就像动植物化石形成的过程。事实上,很多煤层甚至还保留着植物的外形,几乎可以说就是古代植物的化石。因此,这些燃料被统一称为化石燃料。

煤主要是古代森林中的植物转化而来的,石油则主要是浮游生物的有机质转化而来的(因此大油田都有可能是远古的海洋),而天然气则是煤和石油转化过程中伴生形成的。由于它们都来源于动植物的有机质,所以其中的化学元素依然以碳、氢、氧为主,它们燃烧的产物当然就是二氧化碳。

除了化石燃料，木柴也曾是重要的燃料，现在也有部分地区仍使用木柴作为燃料。还有一些其他的生物质可以作为燃料，如沼气（甲烷）、生物质酒精（乙醇）、生物质甲醇等。生物质燃料虽然燃烧时也会排放二氧化碳，但其来源是将大气中的二氧化碳固定在体内的生物，因此被认为是接近零碳排放的。

氢气和氨气也可以作为燃料使用，事实上这两种物质燃烧时都不会排放二氧化碳，因此也被寄予厚望成为新一代的能源。部分可裂变的核物质也是一种燃料，核物质裂变产生的热量足以驱动大型发电装置，而且不会产生二氧化碳。聚变物质也被认为是未来的燃料，但目前的技术离对聚变过程的控制还有不小的距离。还有一些物质也可以燃烧，如硫黄、金属等，但都不被认为是燃料。

3. 和食品相关的温室气体排放量巨大

面对不断增加的人口，和食品相关的温室气体排放量想要降低难度极大，地球甚至还可能因人口增长而丧失更多的林地和湿地等能大量吸收二氧化碳的"碳汇"资源。

和食品相关的温室气体排放占人类总排放量的四分之一左右，也是一个巨大的源头，而食品的供应极其重要，对人类而言，无法承受尝试失败的风险，因此在食品供应领域实施温室气体减排不仅难度大，而且进程注定缓慢。

虽然在食品加工、运输、包装过程中都有温室气体排放，但最大的来源依然是食品本身。食品本身最大的来源又是畜牧业，因为牛羊等反刍动物会将甲烷通过打嗝和放屁两种方式排放到大气中，这在前面介绍其他的温室气体时介绍过。

前面也提到，水稻也是一个不容忽视的甲烷排放来源。水稻在水下的部分与牛羊的消化道一样也是一个缺少氧气的环境，污泥中的细菌也会代谢产生甲烷气体。相比牛肉，稻米虽然单位质量的温室气体排放仅有牛肉的不到10%，但由于稻米是主粮，总产量大，因此在包括我国在内的以稻米为主食的国家，水稻产生的温室气体也相当可观。

另外，种植业和畜牧业都需要占用土地，很多耕地和牧场占用了林地和湿地，因为林地和湿地吸收二氧化碳的能力远高于耕地和牧场，因此土地用途改变也被认为是一种温室气体排放源。同时，种植业中还需要对土地施肥、除草、杀菌和杀虫，所用的农用化学品也导致了额外的温室气体排放。

与工业过程不同，和食品相关的排放多数都是自然过程，难以通过技术方法来降低，而对食品的需求又不可能在可预计的未来出现减少，因此和食品相关的减排工作也是极端困难的。

4. 有些二氧化碳"不得不排"

在《巴黎协定》制定的过程中，科学家已经意识到即便到2050年，凭人类的科技水平很可能也并不能完全摆脱化石能源，还会存在相当规模的温室气体排放，这些被称为"不得不排的二氧化碳"。

例如，新能源供应的不稳定性会导致显著的发电峰谷效应，使得电网中需要有"削峰填谷"的能力。除了目前尚不成熟的大规模储能技术，还需要依靠可以随时启动和停止的火电机组的助力。将来这部分火力发电总量比现在要少很多，但考虑到新能源电力供应的巨大峰谷效应，这种调峰电力所排放的温室气体量将无法完全消除。

有些交通工具依然需要使用化石燃料驱动，如飞机、远洋轮船、野外工作的大型机械装置等。即使我们将机械尽可能替换为电动机械，但电力绝大部分还是要依靠电网的传输，在没有电网的区域依然只能依靠能量密度更大的化石燃料来运行机械、采暖和发电。

部分工业生产过程也很难彻底改变。例如硅酸盐水泥工业，由于需要加热的过程和设备极为特殊，目前还无法找到经济的替代方式，而我们对水泥的需求量又非常大，也难以在近期找到在经济上有竞争力的替代材料。预计在2050年之前，这个行业难以达成真正意义上的碳中和，依然会产生数量不小的二氧化碳排放。类似的过程还有陶瓷和玻璃的生产，这些产品因为需求量大，生产规模大，因此对减排技术的经济性要求很高，这就加大了这些行业的减排难度。

碳中和与化学
——通向碳中和的化学之路

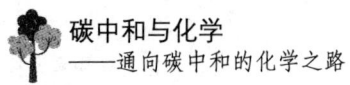

多问一句

对于那些不得不排的二氧化碳，我们真的没什么办法吗？

虽然对不得不排的二氧化碳以目前的科技来看难以使用其他技术路径来替代，但也是有一些办法的，其中最有实用前景的就是碳捕集、利用和封存技术（CCUS），当然这个技术并不像它听上去那么完美。工业革命前，地球大气录得的最高二氧化碳浓度是$(270\sim280)\times10^{-6}$，目前已经达到了$410\times10^{-6}$，《巴黎协定》的目标是要控制在$450\times10^{-6}$以内，但即便是$450\times10^{-6}$，在大气成分中依然是极少的一部分。这就导致要将大气中的二氧化碳分离出来是一个难以完成的任务，因为这相当于在一大锅米饭中找到唯一一颗大小与米粒相近的白色石子并将它准确地挑出来。这就需要一种对二氧化碳有极高的选择性的技术，只捕集二氧化碳而不和空气中的其他成分反应，这显然需要高超的化学科技水平。

在燃料燃烧后的废气（也被称为烟道气）中，二氧化碳的含量较高，相对便于捕集，但依然需要专用的设备和对二氧化碳有高度选择性的化学吸收剂。对于大吨位远洋船舶，以及水泥、玻璃、陶瓷制造甚至来不及彻底转型的钢铁、冶金、化工生产过程，因为有比较大的设备空间，碳捕集是一个可以有效控制温室气体排放的手段。

二氧化碳捕集只是第一步，还需要将它转化为不会排放二氧化碳的其他物质，或者彻底封存起来，这其实也面临着巨大的技术挑战。

虽然达成碳中和如此困难，但随着科技的进步，我们依然是有很多办法来达成碳中和和气候保护的伟大目标的。这其中，化学工业和化学科技将起到决定性的作用。化学工业的特殊性在于它本身既是达成碳中和过程中需要重点发力的行业，同时又是其他重点行业减排技术的重要来源。我们下面就从化学工业的减排路径和达成碳中和需要使用的化学科技两个方面来展望取得气候保护成功的可能性。

上篇 化学工业的碳中和

一、化学工业的碳减排概述

化学工业是工业领域二氧化碳排放量较大的行业，直接排放的二氧化碳量排在除了能源生产（发电）之外的钢铁行业、采矿业、运输物流业、石油加工业和炼焦业之后，位列第六，大约占工业相关排放的15%~16%（不含电力生产），虽然总量不算大，但二氧化碳排放的复杂性可能是所有行业中最高的，几乎囊括了所有形式，因此化工行业的碳中和之路注定是最有挑战性的。

在讨论化学工业的碳减排之前，首先需要了解一下化学工业的碳足迹主要来源于哪些因素。化工行业的碳排放有两个主要来源：来自能源使用的排放和来自化工过程的排放。

使用的能源又分为电力和非电力能源。前者的碳排放来源于发电机构；后者则是化工设施使用能源时的直接排放，主要来自对反应器的高温加热和使用锅炉生产蒸汽。

化工过程排放则来自很多的化学反应，其产物和副产物是二氧化碳。

化工行业的碳中和不是单一独立的过程，而是与全社会的减排活动形成整体而有机的协同。比如，能源结构的改变，不仅影响化工行业的排放，还会直接影响化工行业的原料来源。以"工业的血液"——石油为例，它既是人类的主要能源，又是重要的化工原料，随着碳中和的推进，新能源必定逐步替代石油在人类能源使用中的份额。目前石油精炼后的成分中，用于化工生产的（石脑油、石油气、芳烃及其他）占20%~30%，用作燃料的（汽油、柴油、煤油和燃料油）占70%~80%。用作燃料的成品油的减少，必然也会导致化工原料相应减少，进而影响后续大量工业部门的原料供应。

所以，对于化工行业，首要的挑战就是再造现有的石油化工、天然气化工和煤化工的工艺流程，以调整未来碳中和背景下的能源和原料供应比例。由于上述化工原料和燃料的类似"共生"的关系，化工行业必须首先解决原料可能随着燃料产量减少而枯竭的问题，对此科学家们提出了两个方法：一是重构石油精炼加工流程，将石油加工产物由"80%燃料＋20%原料"转换为"20%燃料＋80%原料"；二是将部分原料从石油天然气来源转化为非石油天然气来源，如生物基材料或者循环利用目前已经在使用的材料。

二、通过再造石油加工流程重建燃料和原料的平衡

在了解流程再造这个方式之前,需要首先了解一下现有的主要石油化工流程。

原油首先经过常减压蒸馏,通过成分间沸点不同的特点,将碳链较短的轻质组分(沸点低)和碳链较长的重质组分(沸点高)分离开,分别得到液化石油气、溶剂油、石脑油、汽油、煤油、柴油、重油、渣油、沥青和石蜡以及芳烃等成分;之后部分重质组分,再经过催化裂化,将重油长链分子"打断",再主要转化为汽油、煤油和柴油等成品油和燃料油;两个流程中分离和裂化得到的碳链更短的石脑油以及芳烃等成分,则被用作化学品生产的原料。通过这样的方式,原油中的主要成分能尽量多地转换为售价更高的汽油、煤油、柴油等成品油,以达成最优化的商业价值。如前所述,目前全球原油中的成分70%~80%被转化为各种成品油和燃料油,20%~30%被用作化工行业的原料。

重建未来化工原料和燃料产能的平衡,其中最关键的流

程，就是石油精炼过程中的催化裂化工艺。

其实原油中本身带有的汽油、柴油和煤油成分并不多（炼油厂会通过常压和减压蒸馏的方式提取），石油工业为了获得更多的成品油，会将碳链更长的重油再转化为碳链较短的汽油、柴油和煤油，这主要依靠的是催化裂化的工艺，使得长链的烃类化合物在催化剂的作用下碳链断裂转化为碳链较短的成分。要达成上面所说的流程再造，改变石油加工成品中燃料和化学品的比例，主要改变的就是这个工艺。只需要将汽油、柴油和煤油成分进一步裂化，就能获得碳链更短的烯烃，而这就是用于化工生产的基本原料。

在催化裂化工艺中，原料油和催化剂的有效接触时间决定了裂化的深度，作为化学品原料的烯烃的碳链更短，因此需更加深度的裂化才能生产。现有的催化裂化工艺是按获得更多汽油、柴油的目标而设计的，要获得更多的碳链更短的烯烃，就需要使得原本产生汽油、柴油的裂化反应的深度进一步提升，从而获得碳链更短的烯烃、石脑油等化工原料。

在反应器中，并不能简单地通过延长接触时间来达成这个目的。主要原因有两个：一个是高温下重油和催化剂接触时间过长，会出现催化剂表面结焦现象，反而降低了反应的效率；另一个原因是重油中的芳烃会优先吸附在催化剂上，从而阻碍重油裂化的发生。

清华大学金涌教授的团队，开发了一种称为二段式下行床的特殊催化裂化工艺（图1-1），巧妙地通过两次催化的方式达成了深度裂化，提高了烯烃产量，减少了汽油、柴油产量。

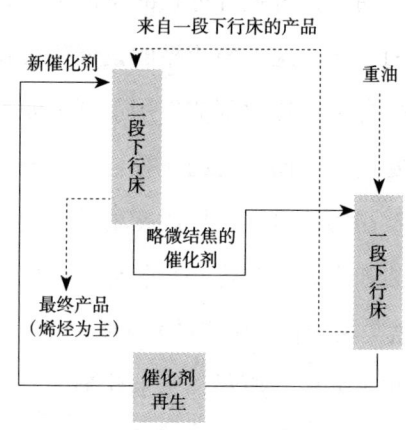

图1-1　二段式下行床工艺原理示意图

在这种工艺中，原料从一段下行床上部进入，反应后从下部流出，然后从二段下行床上部进入，再从其下部流出，完成所有的裂化反应；而催化剂则相反，一段反应器使用二段反应器排出的已经反应过且略微结焦的催化剂催化原料重油的第一段反应，而再生好的催化剂则先进入二段反应器与已经完成了一段反应的产物进行深度的裂化反应。这个巧妙的安排，使得一段反应器中重油首先和效率较低的略微结焦的催化剂接触进行一次"浅度"裂化，转化为碳链稍短的成分（接近汽油、柴油的碳链长度），然后再和完成再生的效率较高的催化剂接触发生"深度"裂化,将一段反应器的产物转化为碳链更短的烯烃等化工原料。

根据金涌教授披露的数据,使用该工艺的实验室结果,产物中可用作化工原料的烯烃和芳烃占比分别可达44%和38%,而汽油、柴油占比约为10%,能非常完美地契合碳中和时代对化工原料和燃料用油的需求。二段式下行床催化裂化工艺是一个对全球碳中和目标而言非常有价值的革命性流程。

> **多问一句**

什么是下行床?

下行床是和提升式反应器相对应的一类比较新式的反应器类型。传统的提升式反应器,反应物从反应器底部进入,在向顶部运动的过程中和催化剂接触,依靠本身的提升力或外力(如压缩空气或蒸汽)的帮助,将催化剂也带到反应器的顶部,类似用反应物将催化剂"吹"到反应器顶部。在这个上升过程中化学反应完成,在反应器顶部得到产物。这个过程中需要对抗重力,反应物的提升力要超过重力才能形成提升效果,反应物和催化剂的混合接触比较剧烈充分,接触时间较长。

下行床则正好相反,反应物和催化剂都从反应器顶部进入,在重力作用下一同下坠,到达反应器底部,在下坠过程中完成反应。这个过程在重力作用下自然完成，反应物和催化剂共同下坠，混合程度相对温和（当然也可以加强），接触时间较短。

下行床是一种较为新型的反应器，提供了一种相对不同的反应条件。在催化裂化中，下行床最大的贡献就是减少了重油和催化剂的接触时间，降低了结焦的概率。

三、化学工业温室气体排放的主要来源和减排路径

前面提到的石油加工流程再造只是解决了最根本的原料来源问题,而化工行业本身的直接和间接的二氧化碳排放依然需要化学科技来解决。那化学工业最重要的排放来源于哪里呢?

由于化学工业覆盖面极其广泛,包括煤化工、石油化工、天然气化工,以及下游的精细化工、材料化工、制药化工、生物化工等,工艺流程不计其数,技术路线各不相同,设备和设计也各有所长,所以其碳排放量极难全面地计算和统计,因此只能以目前化工行业最主流的石油化工为例,借助一些产品和业务多样化的大公司所披露的数据,从总体上来了解一下化工行业的温室气体排放情况。

德国的巴斯夫公司是目前全球化工领域最大的跨国企业,已经连续在《财富》杂志全球500强中占据化工行业榜首超过20年了,产品包括基础化工原料、中间体、单体、特性材料、特殊化学品、护理化学品甚至农用化学品等,涵盖了整

个化工领域上下游,其生产方式不仅具备很好的代表性,在温室气体排放控制上也位居世界前列,并披露了大量温室气体排放数据,具备很高的透明度,所以我们就以巴斯夫公司为例进行分析。需要注意的是,巴斯夫公司从20世纪开始就将可持续发展作为公司的发展策略方向,因此在节能和减排领域已经耕耘多年,其生产设施对能源消耗和二氧化碳排放的控制水平已经位居世界前列,对于整个化工行业而言,整体的排放情况应该比巴斯夫的数据更高一些。

从巴斯夫公司2022年温室气体排放量看,最多的二氧化碳排放来自于其原料(石脑油、天然气、煤炭等),其次是产品的废弃物处理产生的排放,因为包括塑料在内的废弃物,目前主要的处理方式就是焚烧和填埋,这两种方式的二氧化碳排放量都很高。

多问一句

焚烧的二氧化碳排放量高很好理解,填埋为什么也会产生二氧化碳排放呢?

事实上,这与二氧化碳排放的计算方法有关。如砍伐森林或开垦荒地,本身都不会排放大量的二氧化碳,但因为原有的林木本来可以吸收二氧化碳,所以砍伐行为造成了事实上的二氧化碳增加,在计算时就会计入温室气体排放。同理,填埋废弃物会改变土地的用途,使得土地原有吸收二氧化碳的能力丧失或减弱，定量后都会被计算为二氧化碳的排放。

基于同样的道理，植树造林就是一种减少二氧化碳排放的行为，因为提高了土地吸收二氧化碳的能力。在我们难以减少某些二氧化碳排放时，可以通过植树造林等提高"碳汇"的手段来"间接"减排，所以我们不用担心那些"不得不排"的二氧化碳：保护并增加我们的"碳汇"资源（如森林、湿地、红树林等）也是重要的减排手段。

巴斯夫公司的测算显示，在不同的工艺和产品中，以蒸汽裂解与合成氨工艺的碳排放强度最高。巴斯夫在经历了多年的节能降耗努力之后，继续减少现有工艺过程的能量消耗已经没有太多空间了，要继续减少二氧化碳排放就必须从根本上改变整个工艺流程或生产设备，这样才有可能进一步大幅减少二氧化碳排放。这就是化工行业减排的一条核心原则：用创新技术替代原有技术。

化学工业的二氧化碳排放分别来自产品生产和能源消耗两个环节，基于此化工行业的减排大致可以遵循以下的路径：

在全面优化和减少能源消耗的基础上首先解决电能消耗带来的二氧化碳排放问题；其次，对碳排放密集的工艺流程实施革命性的创新；同时，通过新的方法来解决蒸汽生产的温室气体排放问题；采用碳捕集、封存和利用技术来处理难以减排的工艺；再使用其他方式来解决下游产品生产、使用和废弃过程中所面对的排放问题；寻求科技发展带来的"终极解决方案"。

多问一句

化工行业为什么需要那么多蒸汽？

蒸汽在工业上的很多领域都有着重要的用途，如在发电领域，蒸汽可以驱动汽轮机旋转进而产生电力，蒸汽机车则使用蒸汽来驱动车辆行驶，很多汽轮机驱动的轮船则既使用蒸汽驱动螺旋桨行驶，又使用蒸汽驱动发电供全船使用……化工行业则主要依靠蒸汽进行加热和储能。

饱和蒸汽的温度很容易控制，水在不同的压力下的沸点不同，只需要控制压力，就能精确控制饱和蒸汽的温度；同时饱和蒸汽在加热后可以由气态蒸汽直接转化为同等温度的液态的热水，这个变化会放出大量的汽化热，加热效率非常高，因此用饱和蒸汽能够进行精确而高效地加热。在化工设施中，可能会有可燃性气体的泄漏，出于安全考量，绝大部分地方是禁止使用明火的，所以蒸汽加热完美地满足了安全的要求。蒸汽也可以作为收集能量的载体，收集放热的化学反应所释放的热能，用化学反应加热冷却水并产生一定温度和压力的蒸汽，这些蒸汽可以被用于其他要加热的过程或者用来发电，达成能源的有效利用。化工企业中有一些设备也可以用蒸汽涡轮机来带动，比如大型压缩机或真空泵。总之，蒸汽应用场景（既可以加热又可以驱动）的多样化，使之成了一种灵活而有效的能量载体，而化工企业通常都需要大量的蒸汽和冷却水用于温度的控制，以及一些蒸汽涡轮机驱动的机械装置；同时为了不浪费能源，多余的蒸汽会用于发电，很多大型化工企业都建有蒸汽发电设施。

一般而言，化工行业将蒸汽分为三个等级：高压蒸汽、中压蒸汽和低压蒸汽，其中使用量最大的是 100~300℃ 的中低压蒸汽，高压蒸汽使用场景略少。而生产蒸汽，除了有效利用反应热之外，其余部分则会使用锅炉，无论是燃煤、燃油还是燃气的锅炉，都会在使用过程中直接排放大量的二氧化碳。

四、通过优化流程减少能源消耗

如果将上下游大量的化工设施放在一起,就可以充分利用不同装置的化学反应的热量以及生产运营时产生的余热和废热,使得整体的能源使用量降低。同时由于上游设备的产品就是下游设备的原料,将上下游生产装置放在一起,还可以减少下游产品生产的原材料运输,相关的能源消耗会大幅度减少,这样也就减少了二氧化碳排放。

这种将上下游生产设施集中在一起的生产模式被称为"一体化",巴斯夫公司就在德国运营着全世界最大的一体化化工生产设施(图1-2)。在2018年之前,巴斯夫公司一直可以通过一体化基地的运营在产量增加的情况下降低温室气体排放,多年的优化虽然使得减排的潜力越来越小,但从巴斯夫公司的计划来看,未来通过一体化运营来减排依然是巴斯夫的重要减排途径之一。该公司在一体化运营的基础上,还通过屋顶太阳能光伏板发电等手段,继续挖掘减少温室气体排放的潜力。

从提升一体化程度入手减少能源消耗和二氧化碳排放,

在这方面我国化工行业应该还有相当多的潜力可挖。

图1-2　巴斯夫公司在路德维希港的发电厂利用废热产生的蒸汽发电用于工厂和周边社区

（图片来源：巴斯夫官网 www.basf.com）

五、电能来源转换

包括化工行业在内的各类制造业都需要大量使用电力，目前全球电力的主要来源依然是火力发电，这也是重要的二氧化碳排放的源头。从巴斯夫公司公布的数据能看出，使用电力导致该公司近 1/4 的温室气体排放。

在化工行业的减排路径上，之所以将电力作为最先解决的问题，除了电力产生的影响较大之外，还因为调整电力的来源相对比较容易施行，这就是大规模地使用可再生能源电力。国际上对可再生能源电力的定义还有一些争议，但基本上光伏、光热、风力发电都没有任何疑问地被归为可再生能源电力。尽管在可再生能源电力发电设施的建设维护过程中也有温室气体排放的产生，但与替代火力发电而减少的二氧化碳排放相比几乎可以忽略不计。

巴斯夫公司就将使用可再生能源电力作为碳减排的重要措施，近年来大规模采购可再生能源电力。电网中运行的电力是无法区分属于什么来源的，因此可再生能源电力的采购需要一系列的认证和交易机制。我国于 2019 年建立了可再生能源电力交易的大规模试点机制，目前参与试点省份的企业均可在各地的可再生能源交易中心采购可再生能源电力，这些电力一旦被特定企业采购，其碳减排的数额将计入该企业的相关统计数字而不会被重复计算。

但是随着碳中和进程的推进，越来越多的企业会加大采购可再生能源电力的份额，其实际的供给量可能无法满足全社会的需要，欧洲化工协会就预计在2050年欧洲化工企业的用电量或许仅有75%的需求可以用可再生能源电力来满足。与此同时，化工行业（也包括其他行业）还会探索更多使用电力来替代现有燃料燃烧的应用场景（就像我们现在使用电动汽车来替代燃油汽车一样），这被称为"深度电气化"过程（有关内容将在后面介绍），这将不可避免地提升行业对电力的需求。届时，可再生能源电力的供给和需求能否保持平衡，将是一个影响碳中和进程的重要因素，如果需求高于供给，会导致可再生能源电力价格高企，进而影响企业成本和购买的意愿，就会影响碳中和和气候保护事业的进程。

我国近年来可再生能源电力发展迅速，2023年可再生能源电力的新增装机量已经超过了传统能源发电的新增装机量。预计在2060年，全中国的总能源消耗将会有80%来源于可再生能源。这意味着未来中国的可再生能源电力供应将会非常充足，价格上也会具备相当的竞争力，这对中国实现气候保护目标有着重要的推动作用。

碳中和与化学
——通向碳中和的化学之路

> **多问一句**

水电和核电不产生二氧化碳,是否也算可再生能源电力?

水电由于在中国很早就已经成为重要的电力来源,所以目前的可再生能源电力交易中不含水电,主要是担心造成普通电价的波动,但水电本身的确属于可再生能源电力,未来如何计算这部分电力使用带来的减排效应还在讨论之中(因为水电设施对环境的改变比较大,所以多数环境保护组织都不是很支持水电设施的建设)。由于水电对地理和气候环境有苛刻的要求,我国短期内的水电布局随着白鹤滩水电站的竣工也已经接近告一段落,因此未来通过水电减排的总量不会有很大的提升。而核电,因为核裂变燃料的不可再生性,因此不被认为是可再生能源电力,但其本身却不排放二氧化碳和其他温室气体,因此未来核电事业的发展依然可以帮助中国乃至全世界减少二氧化碳排放。目前核电的交易机制尚在讨论和计划中。

一些领先企业已经开始行动起来,如巴斯夫公司和苹果公司等大型企业都宣布了在可再生能源电力上采取"采购+生产"的模式,一方面加大采购量,另一方面直接投资风电场和光伏电场,确保自身的需求可以得到满足。巴斯夫公司已经宣布从2025年开始,投资100亿欧元建设的中国湛江一体化基地将100%使用可再生能源电力,并和多家企业签署了长期的供电协议,协议期长至25年。同时巴斯夫已经和多家风电企业合作共同投资大型的海上风电场,甚至在中国巴斯夫也和著名的风电企业明阳公司合作建立了海上风电生产的合资企业。

六、用可再生能源电力来驱动蒸汽裂解工艺

蒸汽裂解流程可以说是化学品生产的最源头的工序之一,从原油中提炼的石脑油与蒸汽混合,经历从850℃高温逐步到零下60℃的低温,石脑油中本身的成分和经过裂解反应产生的产物经过压缩、分离、提纯等工艺,得到下游加工所需的原料如乙烷、丙烷、乙烯、丙烯、正丁烯、异丁烯、丁二烯、环戊烷等,并将其中的硫化物等杂质分离出来。

石脑油的裂解反应需要850℃的高温(因为需要打断蒸汽水分子中牢固的氢氧键),裂解炉使用天然气或燃料油直接燃烧加热,形成的高温可以将石脑油中碳链较长的成分(石脑油中的主要成分是4~11个碳的链状烃类或环烷烃以及部分芳香烃)裂解为碳链相对较短的成分(如乙烯、丙烷、丙烯、正丁烯、异丁烯和丁二烯等)。燃烧天然气或燃料油会直接向大气排放大量的二氧化碳。因为蒸汽裂解是几乎所有有机化学合成的基础工艺,所以全球产能巨大,比较先进的设施的乙烯年产量都超过了50万吨,甚至达到100万吨的

级别，蒸汽裂解装置通常体型巨大（图1-3），占地上万平方米，高度超过50米，这使得蒸汽裂解成了二氧化碳排放量最大的化工流程。

图1-3 巴斯夫公司路德维希港总部一体化基地的两台蒸汽裂解装置占地超过64 000平方米（约13个足球场大）
（图片来源：巴斯夫公司官网www.basf.com）

蒸汽裂解的关键在于高温，而电加热可以达成上千摄氏度的高温，如果使用不排放温室气体的可再生能源电力，就能够将这个流程的碳排放量极大地降低，这本身也是化工行业深度电气化的一个范例：用电力加热来替代直接燃烧燃料加热的工艺，以减少直接的二氧化碳排放，同时配合使用可再生能源电力，将电力产生的间接二氧化碳排放也消除，从而极大地促进碳中和目的的达成。

巴斯夫公司已经在建设世界上首台工业级全电蒸汽裂解示范装置,其功率达到了6兆瓦,坐落在巴斯夫总部路德维希港。因为是全球首台工业级设备,没有任何可借鉴的经验,巴斯夫公司也面对着巨大的技术挑战和不确定性。根据公布的资料,为了探索最优的工艺操作条件,该装置会同时使用热传导和热辐射两种加热方式。根据相关计算,使用全电蒸汽裂解装置,可以将该工艺的二氧化碳排放量降低90%以上(图1-4)。

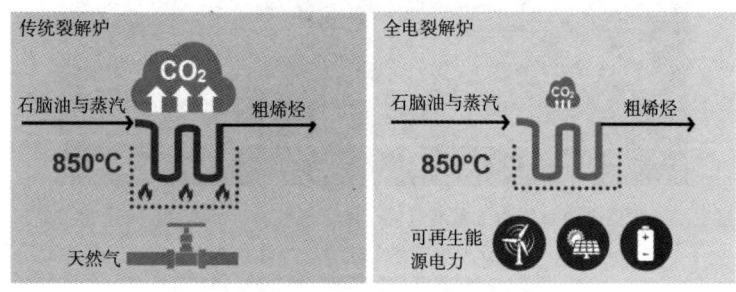

图1-4 传统裂解炉与全电裂解炉的示意对比

如此巨大的电加热装置的主要技术难度在哪里呢?首先需要解决的是材料问题,电加热尤其是热传导加热,需要裂解炉材料具备极强的耐高温性能,寻找合适的材料是第一个挑战。第二个重要挑战是用电的安全性问题,相比传统的蒸汽裂解装置,电加热裂解炉要保持长期高温运行条件下的绝缘性能,对相关电气设施的要求极其严苛。另外,从加热效率上看,大电流、低电压的电力输入更适合这样的工艺,这和目前电网能提供电力的参数（高电压、小电流）有较大的差距，因此，相关的输变电设施及其调节操作和运营又是一个新的挑战。

巴斯夫公司最早是在2019年的研发新闻发布会上公布了这个革命性的创新计划，仅仅4年之后就走到了示范项目的层次，预计巴斯夫公司会在不久的将来建设商业化规模的设施并在全球一体化设施中推广。考虑到其90%的减排潜力和蒸汽裂解工艺巨大的规模，这项技术对未来整个化工行业气候保护目标的完成将起到决定性的作用。

对于化工行业而言，全电蒸汽裂解技术的价值不仅仅在于减排温室气体，它还是一个革命性的工艺创新。使用电加热替代燃烧加热，不需要专门设计燃烧室和烟道，设备可以变得非常紧凑；电加热理论上仅需控制电流和电压，就可以精确地控制能量的输出，这比控制燃烧的火焰要简单也精确得多；电加热在控制上的响应时间也短暂得多，设备检修后重新启动达到稳定操作条件所需的调试时间会大大减少，可以提高能源效率减少浪费；控制上带来的效率在理论上应该还能提升设备运行的安全性……不但蒸汽裂解工艺能因此进入一个全新的时代，而且电加热技术成熟后还可以进一步用在更多的领域，替代更多需要直接燃烧加热的应用场景。

100多年前，在巴斯夫工作的卡尔·博世改进了高压反应器，完成了合成氨的工业化，他本人在获得了诺贝尔化学奖的同时，也开创了化工行业高压合成的新时代，而全电蒸汽裂解装置或许能帮助巴斯夫公司获得比肩合成氨技术的巨大成功。

七、在合成氨工艺中用可再生能源电力驱动甲烷裂解制氢

合成氨是另一个碳排放强度和总量都非常高的化工过程（图1-5）。合成氨曾经解决了全球的粮食产量不足的问题，20世纪初哈伯-博世工艺的成功，不仅造就了化肥工业，也开启了人类高压合成全新化学物质的新时代。氨是现代化学工业的一个重要原料，除了合成尿素作为化肥之外，还是生产硝酸盐、聚脲树脂、偶氮化合物等化学品的原料，在制药、塑料、黏合剂、染料等很多领域发挥着重要的作用。据统计，合成氨消耗了全球总能源的2%。

图1-5 合成氨装置

碳中和与化学
——通向碳中和的化学之路

> **多问一句**

合成氨为什么那么重要？

在合成氨技术工业化之前，全世界农业产出一直都很低，主要原因在于植物生长所需要的、组成氨基酸和蛋白质分子不可或缺的氮元素不容易从土地中获得补充。全世界大部分氮元素以氮气的形式存在于大气中，而氮气非常稳定，极难转变为植物可以吸收的形式，唯有闪电以及具备根瘤菌的豆科植物等才能将氮元素"固定"为可溶于水又能被植物吸收的形式，这个过程被称为"固氮"。当然天然固氮的方式远不足以支撑高效的农业，于是就有了人工固氮的想法。20世纪初，卡尔斯鲁厄大学的教授弗里茨·哈伯在实验室里，通过高温高压和贵金属催化的方式，成功地将氢气和氮气一同反应生成了氨，证明了人工固氮的可能性。其后不久，多家公司开始尝试将这个过程工业化，但均未成功，主要原因在于高压下钢铁难以抵御低温液态氢气的侵蚀（这个现象被称为"氢脆"），从而导致高压合成反应器无法开发成功；另一个原因是实验室中有效的贵金属催化剂价格昂贵，工业化难以承受其成本。

最后，当时年仅35岁的巴斯夫公司的工程师卡尔·博世率领技术团队攻克了所有的技术难题，开发了全新的高压合成反应器，研制了价格低廉的铁基催化剂，甚至还发明了流化床反应器，完成了整个合成氨工艺。在大规模廉价地获得氨之后，可以很容易地制造尿素等含氮量很高的化肥，从而解决了全球农业的产量问题。现在全球合成氨75%被用于生产化肥，其余则用于生产其他化学品，因此氨也是极其重要的化工原料。曾有人评论："如果没有合成氨工业，20世纪或许将有一半的人口因饥饿和营养不良而死亡。"所以合成氨被誉为20世纪最伟大的发明之一。有意思的是，巴斯夫当年开发的铁基催化剂至今仍在合成氨工业中广泛使用，不得不让人佩服当时化学家和工程师们的智慧。

更为重要的是，为合成氨开发的高压合成反应器打开了有机合成的大门，因为有机合成在本质上就是对成分以碳和氢为主的分子的结构进行重新组合，能够安全处理高压氢气的反应器使得后续很多化学物质的合成成为了可能。巴斯夫几乎在同时就开发了合成甲醇的技术，从而使化学工业进入了一个全新的有机合成时代。合成氨技术直到现在还在影响着现代工业中的很多门类如制药、香精、涂料等以及农业。

合成氨工艺的化学反应非常简单，就是在高温、高压和催化剂的作用下，将氮气（N_2）和氢气（H_2）作为原料进行反应，生成氨气（NH_3）的过程（$N_2+3H_2=\!=\!=2NH_3$）。这个过程本身的碳排放并不是很高，但是这个反应的原料——氢气，在其制备过程中却会产生大量的二氧化碳。据估算，合成氨生产过程中排放的所有二氧化碳中，制氢过程约占80%，氢气和氮气的高温高压催化反应过程约占20%。

仅中国目前每年的氢气产量就超过3 000万吨，由制氢产生的二氧化碳排放非常可观。又因为氢气和氨气都可以燃烧并且不会产生二氧化碳，所以在碳中和的进程中都被认为是替代化石燃料的重要选择之一，未来氢气与合成氨的产量会进一步提高，控制制氢与合成氨工艺中二氧化碳的排放就显得尤为重要。在谈到减碳技术之前，让我们先了解一下目前主流的制氢方法——合成气制氢中的碳排放来源。

合成气是一种以氢气和一氧化碳为主的混合气体，因为可以进一步利用合成气生产各种有机化合物，因此它是化工行业重要的原料气。合成气一般可以由煤、石油或天然气制得，无论使用什么原料，都需要高温，进而产生二氧化碳排放。同时在获得合成气（其中已经含有不同比例的氢气）之后，为了获得更高的制氢效率并安全而经济地处理有毒的一氧化碳气体，制氢工厂还会利用合成气中的一氧化碳和水蒸气反应来继续制取氢气（$CO+H_2O =\!= CO_2+H_2$）。这个反应中，二氧化碳会是直接的反应产物，这种化学反应产物为二氧化碳而产生的碳排放被称为"过程排放"。过程排放加上为达成反应所需的高温而排放的二氧化碳，使得合成气制氢的碳排放强度极高。目前全世界90%以上的氢气都是由合成气制氢这一路线而来，这使得制氢成为一个非常大的温室气体排放来源。

> **多问一句**

什么是合成气?

合成气从其名字就能知道是用于后续化学合成工艺的气体原料。实际上,合成气通常就是一氧化碳和氢气的混合物,它是开采出来的化石燃料向人工合成的化学品转化的一个重要的中间产物。煤和石油都是复杂的有机混合物,除了很多的杂质之外,其中的含碳有机物也多种多样,因为其中的各种化学成分的纯度都很低,很难直接用于合成那些对品质要求很高的化学品。于是化学家们先将煤、石油和天然气通过化学反应转换为成分比较简单的合成气,再利用合成气成分简单、纯度高的特点进行下一步的合成反应。合成气主要成分之一的一氧化碳分子只有一个碳原子,其后续工艺通常也是以合成一个碳原子的化学成分为多(最常见的是用合成气制甲醇),因此合成气被认为是碳一(C1)化学的核心原料。

煤、石油和天然气都可以制合成气,但产物的碳氢比随原料的碳氢比不同而不同。通常天然气制的合成气中氢气的含量最高,而煤制的合成气中一氧化碳的含量最高。根据碳氢比的不同,合成气的用途也会有所变化。例如,甲醇制备中更希望用氢气含量稍高一些的合成气(化学反应式为:$CO+2H_2 \rightleftharpoons CH_3OH$,其中反应物的碳氢比是1∶4);而如果用于制取二甲醚,则希望一氧化碳含量稍高一些(化学反应式为:$3CO+3H_2 = C_2H_6O+CO_2$,其中反应物的碳氢比是1:2)。

说到降低制氢过程的碳排放,很多人第一个想到的一定是电解水制氢,这个过程如果使用可再生能源电力,将可以达到近乎零碳排放的效果($2H_2O = 2H_2+O_2$)。该反应的副产物是氧气,既可以收集利用,也可以安全地排放入大气,的确是一个非常好的方法,技术上也基本成熟,但主要的问题是用电量大,如果使用可再生能源,成本会更高。如果未来氢能的使用依靠电解水的方式,能源利用效率就太低了(用电来制氢,再用制得的氢去发电)。因此,电解水制氢目前还很难替代合成气制氢,以满足化学工业对氢气的需求;至于未来可能因大规模使用氢能所需要的氢气,电解水似乎更不是一个有效的解决方案。

电解水制氢之所以能耗较高是因为水分子中将氢原子和氧原子结合在一起的氢氧键的键能很高(每产生1摩尔氢气需要286千焦能量),要打破氢氧键就需要输入很大的能量。而甲烷分子中将碳原子和氢原子结合起来的碳氢键的键能则低得多(每产生1摩尔氢气需要37千焦能量),这就意味着甲烷裂解制氢将可以实现较低的能耗,因此甲烷裂解制氢成了一种相当有前途的制氢方式。

甲烷裂解制氢的化学反应式为：$CH_4 = C+2H_2$，整个过程中没有二氧化碳产生，输入能量的方式可以采用电加热（巴斯夫）或等离子体加热（陶氏化学）等。这项技术的成熟度不如电解水制氢，除了巴斯夫已经建设了一套有一定规模的实验装置外，其他技术路径主要还处在实验室研究阶段。巴斯夫的裂解装置不使用催化剂，采用电加热，直接在1 400℃的高温下使得甲烷裂解为固体的单质碳和氢气，制备氢气的用电量仅有电解水制氢的1/5，经济上和能源效率上都非常有吸引力。

巴斯夫装置面临的主要挑战除了在全电蒸汽裂解反应器中遇到的材料和供电问题之外，反应器的设计是主要的难点。固体碳会在重力的作用下从反应器顶部向底部移动，而甲烷气体则从底部向顶部移动，并在移动过程中转换为固体碳和氢气，氢气从反应器顶部排出。整个过程进出的物料要达到一个稳定的平衡，同时还要保持固体碳受到的重力和反应器中气流的提升力之间的微妙平衡，既要确保氢气的产量，又要能稳定安全地将灼热的固体碳从反应器底部移除。为了提高产量，反应器的直径就需要加大，但这就会影响热量的传递，反应器中心位置和内壁位置的温度可能产生相当大的差异，进而可能导致反应器内反应条件的不稳定，甲烷在反应器中反应不完全。因此，巴斯夫的这套示范装置（图1-6）的主要目的就是找到最优化的运营参数，为将来的商业化规模装置的运行做好准备。

图1-6 巴斯夫在路德维希港的甲烷裂解制氢装置

该工艺使用可再生能源电力,就可以实现"零碳"排放制氢,这样就能将合成氨这个化工过程中碳排放量最大的工艺过程的排放量减少75%以上,同时巴斯夫公司除了合成氨之外还有其他工艺需要氢气,预计该工艺的全球应用可为巴斯夫公司每年减少200万~300万吨的二氧化碳排放。

该工艺除了面临技术上的挑战之外,也面临一些商业上的挑战。虽然相比电解水制氢,该工艺的能耗可以大幅度降低,但是其灵活性不如电解水。甲烷裂解工艺需要稳定的条件和连续的操作,反应器内的条件控制有相当的难度,一旦开车需要长时间连续操作以保持反应条件的稳定,因此其生产设施必须保持一个最低生产量,并且要在有足够规模的情况下才具备经济性,而电解水操作条件的达成快速而灵活,对最低产能的要求也很宽松。氢气的产能越大,甲烷裂解制氢的经济性越好,唯有产能超过一个临界值,才能获得比电解水制氢更低的制造成本。

另外一个影响甲烷裂解制氢工艺商业化前景的因素是其副产物固体碳(图1-7),目前还没有充分开发其用途。如果能够开发固体碳的商业用途,如用作炼钢的还原剂,或者用于土壤改性等,该工艺路线的经济性会进一步提高。

图1-7 固体碳——甲烷直接裂解制氢的副产物
(图片来源:巴斯夫官网 www.basf.com)

除了制氢,合成氨工艺剩余的碳排放则来自氮气和氢气之间高温高压的反应条件,这种条件需要锅炉和蒸汽才可以达到。针对这部分的碳排放,化学家们正在寻找低温合成氨的方法，主要的方向是寻找合适的催化剂和催化条件来降低反应的温度和压强，如使用钌基催化剂、复合催化体系或低温等离子催化以及电催化等方法，目前各项技术在实验室条件下均取得了进展，但距离工业化还有一定距离。

虽然低温合成氨目前还难以实现，但巴斯夫和全球最大的氨生产商雅苒国际（Yara）已经在尝试使用碳捕集的方式来降低合成氨工艺中剩余的二氧化碳排放。巴斯夫和雅苒国际在美国得州自由港共同运营了一个示范性的合成氨装置（图1-8），虽然使用传统的高温高压合成氨生产工艺，但排放的二氧化碳均被严格地捕集而不是释放到大气中。采用这种方式生产的低碳足迹合成氨可被称为"蓝氨"，用作下游的各种行业的原料。这种方法也是一种很现实的减少合成氨工业温室气体排放的有效方法。

图1-8 巴斯夫与雅苒国际在美国得州自由港共同运营的"蓝氨"工厂

八、在天然气制烯烃工艺中用天然气干重整制合成气

烯烃是化工行业的核心原料,是制造聚烯烃、环氧乙烷、环氧丙烷、丙烯酸、柠檬醛、多元醇等基础化学品不可或缺的原料。虽然全球超过 70% 的乙烯和丙烯是通过石脑油裂解制造的,但合成气制烯烃也是非常重要的一条路线,尤其是石脑油的产量是和汽油、柴油的产量高度关联的,随着碳中和的推进,汽油、柴油减产会影响到石脑油的供应,因此合成气制烯烃是一个非常重要的补充。

天然气的价格比石油低,地球上储量大,尤其是页岩气的主要成分之一也是天然气,天然气低碳利用的主要方式之一就是蒸汽重整制合成气。

天然气蒸汽重整制合成气是使用天然气和水蒸气在高温和镍基催化剂下发生反应($CH_4+H_2O \Longrightarrow CO+3H_2$),这是一个强吸热反应,需要燃烧天然气供热,因此二氧化碳排放量不低,可以达到每吨合成气排放 350 千克二氧化碳的水平。

为了改进天然气制烯烃的工艺,巴斯夫公司开发了一个

全新的工艺流程——天然气干重整制烯烃技术，几乎可以做到零碳甚至负碳排放，是一个非常有希望的工艺。

该技术不使用水蒸气，而是使用二氧化碳作为原料和天然气反应，在特殊催化剂的作用下，转化为富含一氧化碳的合成气（$CH_4+CO_2=\!=2H_2+2CO$）；再使用这种合成气，在新型催化剂的作用下直接合成二甲醚，副产物是二氧化碳（$3CO+3H_2=\!=C_2H_6O+CO_2$）；二甲醚有成熟的工艺直接制乙烯和丙烯，而副产物二氧化碳则可以输入第一步干重整的反应中，作为原料二氧化碳的来源（图1-9）。

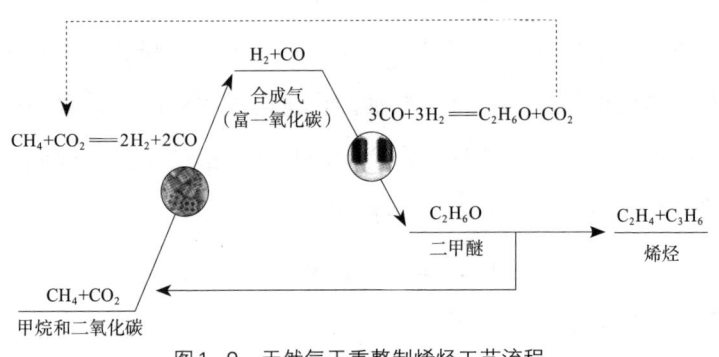

图1-9 天然气干重整制烯烃工艺流程

这个工艺流程的巧妙之处在于甲烷干重整得到的合成气的一氧化碳与氢气的比例（1:1）正好适合用来直接制造二甲醚，而生成二甲醚的反应中唯一的气态产物就是二氧化碳，确保了可以直接从反应器中收集高纯度的二氧化碳再用于第一步的反应中，这样整个两步的流程就不再有过程排放，如果反应器加热能使用电加热的方式,那么整个流程就能做到零碳排放。考虑到现在大多数的制烯烃工艺都是高能耗高温室气体排放的过程,这种低碳甚至零碳制烯烃的方式或许将会对未来的化工行业产生巨大的影响。

该工艺面临的主要挑战是两步反应都需要开发全新的高选择性的催化剂。对于第一步反应——甲烷的干重整,巴斯夫公司通过高通量筛选的方式,找到了两种基于镍和钴的新型尖晶石催化剂并优化了其表面特性,甚至使用了该公司的一台超级计算机来计算其几何形状(图1-10),以确保反应条件的稳定和优化,避免催化剂表面结焦等现象的产生。

图1-10 巴斯夫借助超级计算机设计几何形状的用于甲烷干重整的尖晶石催化剂
(图片来源:巴斯夫官网 www.basf.com)

对于第二步反应——合成气制二甲醚,巴斯夫也开发了一款全新的催化剂:基于沸石超高的表面积来提高反应效率,同时将两种不同的催化剂结合成一种"双功能"催化剂,并优化了催化剂床层的动力学参数,有效地提升了生成二甲醚反应的选择性,在实验条件下催化剂的寿命也超过了一年。

巴斯夫目前已经完成了第一步甲烷干重整的技术验证,现在正在和中国海洋石油公司合作,共同实施进一步的技术验证和设备放大商业化的工作;第二步反应的实验室研究已经成功,正在期待装置放大后的技术验证。

甲烷干重整制合成气进而制烯烃的工艺流程不仅是一种具备零碳排放潜力的新工艺,同时因为不需要使用水蒸气,所以也非常适合一些天然气资源丰富但缺水的地区在当地加工天然气。其现阶段商业上面临的竞争主要来自丙烷脱氢制烯烃工艺。页岩气革命导致市场上可以获得大量廉价的丙烷,使用简单成熟的脱氢工艺就可以大量生产丙烯,且二氧化碳排放强度不算很高(主要是脱氢反应温度需要达到500~600℃以及催化剂再生涉及二氧化碳的排放),成本也相对较低,这使得干重整天然气制烯烃在目前的商业环境下还不具备大规模推广的成本优势。不过随着碳中和事业的推进,在未来相关政策的支持下,其前景依然相当乐观。

九、通过新的方法来减少蒸汽生产导致的温室气体排放

在本篇上文第三部分最后的"多问一句"中提到化工行业需要大量蒸汽。从巴斯夫公司公布的数据中可以了解到,巴斯夫公司全年制造蒸汽的相关碳排放就达到了600万吨,约占全公司二氧化碳排放量的1/4,而且蒸汽用于几乎所有的工艺流程,如果能解决这个问题,将能在革命性的低碳工艺的基础上进一步减少其他产品带来的二氧化碳排放。

前面提到,化工设施中主要使用的是中压和低压蒸汽,温度范围在100~300℃之间。中低压蒸汽可以通过高压蒸汽梯次利用、反应热收集、蒸汽锅炉直接生产三种方式获取。因为中低压蒸汽的需求量大,因此完全依靠前两种方法无法满足需求,必然还需要使用燃煤、燃油或燃气锅炉来生产,这部分二氧化碳排放占据生产蒸汽的二氧化碳排放量中相当大的一部分。目前的一体化设施在能源利用方面的潜力挖掘已经接近极限(参见本篇上文第四部分),唯有通过突破性的方式才能达成碳中和的目标,于是用电力来生产蒸汽的想

法出现在化学工程师们的头脑中。本篇上文第六部分和第七部分讲到的蒸汽裂解和甲烷裂解制氢工艺都是使用电加热的，那蒸汽应该也可以使用电加热的方式来产生。

我们知道，直接电加热的效率不是很高，这可以看看空调的制热。空调制热时有一个电辅助加热功能，用于在外界温度太低时辅助加热，但主要的制热手段还是压缩机带动的冷媒循环，因为其能效比要远远高于电加热。也就是说，空调的制热主要是利用了热泵的原理，那么热泵能否用来产生蒸汽呢？

虽然有一定的困难，但还是可以做到的。热泵主要是针对一些品位相对较低而难以利用的能量，从外部再输入一部分能量，使之转化为品位较高的便于利用的能量。热泵技术常用于空调或干衣机等加热装置，输出温度不是非常高。由于蒸汽的温度较高，因此通过热泵来产生蒸汽的难度还是很大的。

巴斯夫公司在其碳中和路线图中，就将使用电能来产生蒸汽作为一个重要手段。该公司目前计划利用路德维希港一体化设施中尚未被充分利用的80℃的废水中的热量，先用这部分废水的余热加热液氨使之蒸发，液氨吸收热量变为气体，再经过压缩机使氨气升温，高温高压的氨气经过冷凝器对水进行加热，同时自身再次转化为液氨，这样80℃热水的能量加上电力通过压缩机带入的能量就被转化为蒸汽中蕴含的热量（图1-11）。

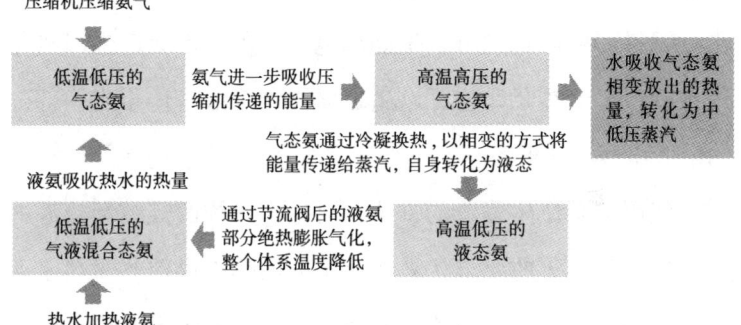

图1-11　利用废水余热和电能生产蒸汽的流程

巴斯夫公司的计划将催生一个世界上最大的工业级热泵装置（图1-12），其占地将超过一个足球场的面积。预计该热泵将会利用路德维希港基地的热水能量外加电力输入约

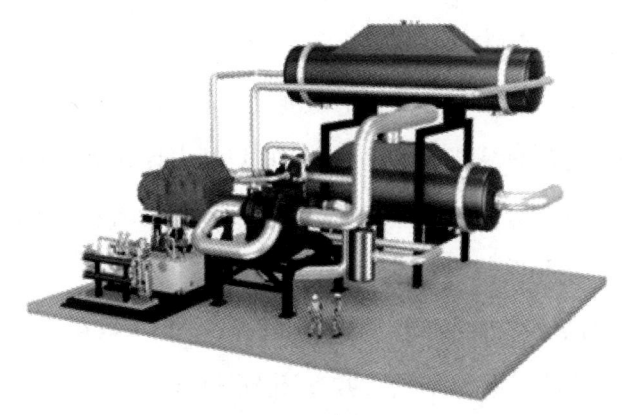

图1-12　巨型工业级热泵的效果图
（图片来源：巴斯夫官网 www.basf.com）

20兆瓦的能量，产生压强为6×10^5帕、温度为200℃的蒸汽，总输出能量可达50兆瓦。能源效率显著提高，而且不再依赖化石燃料而可以转向可再生能源电力，因此不会产生二氧化碳排放。这个热泵计划可以满足路德维希港基地相当一部分的中低压蒸汽需求。

使用热泵产生蒸汽的方法，对生产设施的规模和热源的稳定性有着一定的要求，需要有足够的热水供应并对热水的温度有一定的要求，因此比较适合大型一体化设施或者有合适的工业企业进行热源耦合的情形。因为是使用废热，热泵在经济性上已经逐步体现出优势，随着碳中和进程的加深以及可再生能源电力供应能力的提高，配合一定的配额政策和法律要求，使用热泵技术利用废热产生蒸汽的成本优势会进一步提高，并会成为很多具备合适热源的大型化工企业的一个重要的减排手段。

高压蒸汽需求和一部分中压蒸汽需求则因为蒸汽温度较高，很难通过热泵技术来达成，因此巴斯夫计划使用电锅炉直接加热并配合储能装置来解决。与此同时，该公司还致力于将部分使用蒸汽涡轮机驱动的机械装置改为使用电驱动，以减少对高压蒸汽的需求。这样三管齐下，以争取在2030年大幅度减少蒸汽生产所产生的二氧化碳排放。

图1-13展示的是巴斯夫2018年在Tarragona的一个丙烷

脱氢装置中使用了电动机替代蒸汽涡轮机和齿轮箱来驱动压缩机。

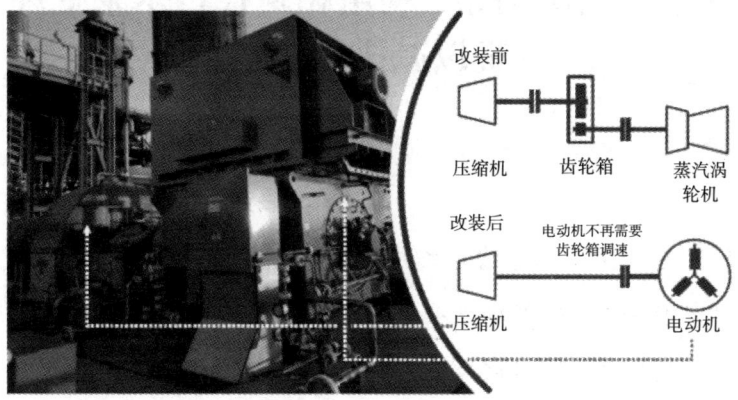

图1-13 巴斯夫公司在丙烷脱氢装置中使用电动机替代蒸汽涡轮机

十、采用碳捕集、利用和封存技术来处理难以减排的工艺

在使用了前述的一系列手段之后,我们还是必须看到,依然有很多的生产场景不适用上面提到的技术手段,特别是过程排放,即很多化学反应的产物是二氧化碳,就很难借助前述的方法来减排。这就需要使用一种对全社会减排都非常重要的方法,称为CCUS(Carbon Capture,Use & Storage)即碳捕集、利用和封存技术。

1.二氧化碳捕集

二氧化碳的捕集和利用本身就是化学工业多年来一直在利用和发展的技术,虽然最初不是出于碳中和的目的。捕集技术部分源于对气体的净化需求,如开采的天然气中通常都混有二氧化碳,因此就需要有合适的方法将天然气中的二氧化碳分离出来。化学工程师在很多年前就找到了一系列的方法捕集包括二氧化碳在内的杂质气体,这一系列的技术现在不仅能帮助化工行业实施碳捕集,还可以用于能源、冶金、

水泥、玻璃等其他行业的二氧化碳捕集工作。

二氧化碳捕集技术由于温室气体控制的背景而在近年得到很大的发展，但进入商业化的技术并不多。主要的碳捕集技术分为四类：燃烧前捕集技术、燃烧后捕集技术、富氧燃烧技术和空气直接捕集技术，具体方法则包括物理吸收法、化学吸收法、物理吸附法、化学吸附法、变压吸附法、低温分馏法、膜分离法等。目前只有燃烧后捕集技术中的化学吸收法发展得相对成熟并进入到商业应用阶段。

化石燃料在燃烧后产生的烟道气中除了二氧化碳，还含有不曾参与燃烧的氮气、没有完全反应的氧气以及燃烧产生的部分水蒸气，捕集二氧化碳的主要难度在于如何将二氧化碳从它与氧气和氮气及水蒸气的混合物中经济而高效地分离出来，形成纯度较高的二氧化碳，便于后续的利用或封存。

（1）燃烧前捕集技术：顾名思义是在化石燃料燃烧前就将含碳的成分分离出来。这里又要用到合成气，无论是煤炭、石油还是天然气都可以制成合成气，可以先将化石燃料转化为合成气，再用燃烧合成气的方法来利用化石燃料中蕴含的能量。合成气中的一氧化碳和氢气都能燃烧，其中一氧化碳的燃烧会产生二氧化碳，因此只要在合成气燃烧前将一氧化碳分离出来，就可以避免二氧化碳的产生。可以看出，无论具体采取什么方法将一氧化碳从合成气中分离出来，燃烧前捕集都是基于燃烧氢气的方式，而氢气燃烧目前在安全性上还面临着不少挑战，同时将化石燃料中的碳以一氧化碳的形式分离出来也大大降低了化石燃料的热值。再考虑到制合成气需要消耗的能源，可知不论具体采取何种方式捕集，其经济性都是推广的巨大障碍。

（2）燃烧后捕集技术：燃烧后捕集比较容易理解，即在化石燃料燃烧后，在二氧化碳含量较高的烟道气中捕集二氧化碳。这种方法是基于现有的化石燃料燃烧的过程和设备，因此应用场景广泛。目前化学吸收法已经进入了商业化的阶段，主要是利用胺类溶液在一定温度下会与二氧化碳发生选择性的特定反应，而在稍高的温度下这个反应又会逆向进行将二氧化碳释放出来。这两个反应的反应条件都不是很苛刻，因此流程和设备的复杂程度不高，成了率先商业化的二氧化碳捕集技术。其化学反应式如下：

$$R_3N+CO_2+H_2O \Longleftrightarrow R_3NH^++HCO_3^-$$

这个反应在低温下从左向右进行，借助溶液中的胺类（R_3N）与烟道气中二氧化碳的接触，完成碳捕集，其产物均溶于水，随溶液进入到胺液再生系统中。

在加热后，这个反应从右向左进行，二氧化碳和水被释放出来。水会被溶液吸收，二氧化碳就是唯一的气相产物，因此纯度很高，也很容易被收集储存用于后续的利用或封存。再生的胺液则可以被送回烟道气净化装置，继续发挥其二氧化碳捕集的功能。

因为捕集二氧化碳的反应需要在较低的温度下进行，因此需要设备对烟道气进行冷却后再处理；而再生过程需要较高的温度，因此胺液再生装置需要一定的加热设备。

化学吸收法本身并不是一个全新的技术，化工行业很早就开始利用化学吸收的方式来处理气体中的杂质，如天然气中经常混合着硫化氢、二氧化硫和二氧化碳气体，开采后需要净化处理，使用得最多的就是化学吸收法，所以从吸收剂到工艺设备都已经相当成熟。巴斯夫公司的胺液捕集技术之前就一直用于清除天然气中的二氧化碳，在温室气体减排的需求下，这项技术很快就找到了新的用武之地。

根据相关的媒体报道，化学吸收法目前在国内外已经有很多商业化的项目。我国的胜利油田和齐鲁石化都已经有碳捕集设施在运营之中，2023年中船动力也和巴斯夫公司签署了碳捕集技术合作的框架协议。

（3）富氧燃烧技术：富氧燃烧技术是另一种特别的碳捕集技术，它的路线独辟蹊径，主要是针对燃烧后的烟道气中不参与燃烧的大量氮气难以和二氧化碳分离，以及混合了氮气的烟道气中二氧化碳含量偏低难以捕集的问题，将空气中的氮气事先分离出去，使用纯氧或富氧的气体来燃烧化石燃料，从而使得燃烧后的产物中主要成分是二氧化碳和水蒸气（化石燃料主要是碳氢化合物，加氧气燃烧后碳转化为二氧化碳，氢则转化为水），水蒸气可以简单地通过冷凝的方式和二氧化碳分离，这样就可以比较容易地获得纯度较高的二氧化碳。

相比燃烧前捕集方式，分离空气中的氮气比分离燃料中的碳要容易得多，同时过程更安全可控，因此富氧燃烧是一种很有前途的技术。主要的挑战来源于纯氧在燃烧过程中并不能完全参与反应，没参与反应的氧气会混合在烟道气中，将这部分氧气分离出来依然需要额外的步骤和成本；同时富氧燃烧对锅炉的气密性和安全性有更高的要求，需要全新的设计；另一个比较大的挑战是需要有一种相对便宜地获得大量富氧气体的方法，比如耦合利用电解水制氢产生的氧气。目前富氧燃烧的方式还处于研究阶段，实现商业化还需要相当长的一段时间。

（4）空气直接捕集技术：除了以上三种碳捕集技术，直接从空气中捕集二氧化碳的DAC（Direct Air Capturing）技术或许是全社会最期待的一项技术突破。因为该技术并不应用于化工行业，但需要化学科技和化工行业的支持，所以将在下篇第七部分做详细的介绍。

2. 二氧化碳利用

出于碳中和目的对二氧化碳的利用分为三种情况。第一种是化工利用，即将二氧化碳作为原料用于化学品的生产，这个过程中二氧化碳中的碳被固定在产品中从而不再进入大气，这是一种比较彻底的做法，但也会出现产品在寿命终结后废弃物处理时再次产生二氧化碳排放的问题，如二氧化碳作为原料被用于生产塑料，虽然暂时被固定在塑料中，但是当塑料制品最终被丢弃后，如果使用焚烧或填埋的方式处理就会出现相应的二氧化碳排放。第二种情况是地质利用，主要的方式就是石油、天然气开采中需要采取的气驱技术，将压缩二氧化碳打入油气层将地层中的油气挤出，二氧化碳则被永久留存在底层中。气驱技术是非常成熟的技术，只是在碳中和目标下需要确保二氧化碳气体不会在油气开采过程中从地层中再散逸出来回到大气之中。第三种情况是生物利用，主要是通过微生物代谢的方式将二氧化碳中的碳转化为生物质中的有机碳。下面介绍一下二氧化碳的化工利用和气驱技术。

（1）化工利用：二氧化碳的化工利用因其背后的商业价值而备受关注，但我们必须认识到，二氧化碳在传统的化工生产中的利用并不是很多，其中的主要原因是二氧化碳本身是一种相当稳定的物质，不容易与其他物质反应，并不是一种理想的化工原料。在气候保护和碳中和的背景下，二氧化碳的利用才逐步进入化学家的视野中。与其他的碳中和技术一样，二氧化碳利用技术也一样面临着经济性的问题：现有化学产品的合成路径和流程都已经过多年的优化，使用二氧化碳为原料，换用不同的合成路径，在经济上要具备竞争力还是很困难的。

目前二氧化碳化工利用的主要手段之一是矿化。1990年瑞士科学家首先提出用矿化反应固定二氧化碳,主要是通过二氧化碳与碱性的金属氧化物的矿石或固体废料反应,生成碳酸盐从而封存二氧化碳。自然界的硅酸盐可以在二氧化碳的作用下转换为石灰岩(碳酸钙)和石英砂(二氧化硅),反应式为:$CaSiO_3+CO_2=\!=\!CaCO_3+SiO_2$,但是这个反应在自然环境下反应速度极慢,多数其他的矿化反应也类似。为了加快反应速度,化学家们采取了液相吸收碳酸化的方法:将二氧化碳溶解在液体中与固体矿物反应(液相直接矿化),或者将矿物原料中的钙、镁等物质提取到溶液中再和气体二氧化碳反应(液相间接矿化)。目前矿化固碳的方式已经起步,如美国Skyonic公司将电解氯化钠(NaCl)制氢氧化钠(NaOH)工艺集成到矿化工艺中,将二氧化碳转化为碳酸钠($NaCO_3$)和碳酸氢钠($NaHCO_3$)并副产盐酸(HCl)。该公司目前在美国得克萨斯州每年矿化7.5万吨二氧化碳的示范装置是目前全球最大的运行中的矿化项目。

矿化法的优势在于其碳酸盐为主的产物稳定性高,不会重新转化为二氧化碳回到大气中,固碳非常彻底。矿化方式的主要问题除了设备工艺之外,还是矿化形成的无机化合物商业价值太低,无法补偿生产设备的投资,更不要说平衡二氧化碳捕集的相关成本了。尽管有很多科学家提出将产物用作建材和铺路材料，但其经济性依然是一个很大的挑战。

另一种方式是利用有机化学技术将二氧化碳转化为有机化合物，进而加以利用。其中一种方式是将二氧化碳通过光催化或电催化的方式直接加氢制甲醇/乙醇，或者先将二氧化碳还原为一氧化碳后再制甲醇/乙醇；另一种方式是用二氧化碳与环氧化合物进行加成反应制备环状碳酸酯或与烯烃反应直接制备聚碳酸酯（眼镜镜片的材料），这两个路线目前都具备可行性，而且生成的产物商业价值较高，具备商业化的潜力，但尚需在高效催化剂开发和反应器设计上进行更多研究。

在二氧化碳的化工利用上，巴斯夫公司则提出了一个更有商业应用前景的方案——以二氧化碳为原料制造丙烯酸钠。丙烯酸钠是生产超强吸水剂（Super Absorbent Polymer，SAP）的基本原料，在全球每年有数十万吨的稳定需求。使用二氧化碳为原料制取这类市场上很成熟的产品，在销售产品上的障碍较全新的产品要小得多，主要的挑战就是生产成本。该反应的化学方程式如下：

$$C_2H_4 + CO_2 + NaOR = C_3H_3O_2Na + ROH$$

传统工艺中，丙烯酸钠需要以丙烯为原料制取，丙烯在石油馏分中含量较乙烯要少很多，因此成本上较乙烯更高一些。而巴斯夫的方法是使用乙烯与二氧化碳反应直接制备丙烯酸钠，这样在原材料成本方面就具备了潜在的优势，有更大的可能性进行商业化。同时产品中仅有两个碳来自乙烯，相对使用丙烯为原料（所有碳原子均来自丙烯），原料对石油总量的需求降低，还能进一步减少相应的碳排放。另一方面，相比用乙烯加二氧化碳制丙烯酸，上述制取丙烯酸钠的反应是一个放热反应，因此对能源的要求相对较低，这又为其未来可能的商业化增加了砝码。

另外，巴斯夫公司还将捕集的二氧化碳用于本篇上文第八部分提到的天然气干重整制合成气。

（2）气驱技术：二氧化碳利用的第二条途径就是气驱技术，将超临界二氧化碳流体注入油气层，利用二氧化碳超临界流体流动性好、表面张力小等特点，将地层中的油气"挤"出到地面（这个过程也被称为"驱替"）。部分随油气上升到地面的二氧化碳可以被捕集回收，继续使用，而油气层中的二氧化碳则可以永久性地留存在原有的地层中。因为现有油气田的地层都比较封闭，因此二氧化碳重新逸散到地表的可能性不大。目前全球多个示范项目基本证实了这项技术的安全性和可行性。

该技术面临的挑战依然是成本，尤其是二氧化碳捕集和运输的成本。油气田通常远离城市和工业中心，二氧化碳运输又需要特殊的车辆，同时气驱技术对二氧化碳的消耗量也很大（驱油每吨需要约 3 吨超临界二氧化碳，驱气每吨需要约 10 吨超临界二氧化碳），如果没有政策支持而油气价格又不大幅上涨的话,气驱的商业价值很难实现。

3. 二氧化碳封存

除了利用之外,永久封存二氧化碳也是一种处理捕集的二氧化碳的途径,目前主要的封存地质结构为咸水层(陆地/海洋)以及废弃油气田。深层的咸水层因为不是人类的饮用水源,所以环境安全性较好,咸水层不仅能阻隔二氧化碳的散逸,甚至会和二氧化碳发生反应使之转化为碳酸盐,从而永久性地将碳固定在地层深处(虽然这个过程可能需要数百年甚至上千年)。废弃的油气田有很好的封闭性,也是封存二氧化碳的理想地质结构。目前二氧化碳封存的主要挑战在于对地质风险和泄漏风险的评估、控制和监测,毕竟人类目前还难以从有限的几个项目中获取足够的实践经验。

据估计,我国理论地质封存容量为 1.21 万亿～4.13 万亿吨,主要分布在东北、西北、四川和近海,总体而言可以满足未来的需求。

十一、减少一氧化二氮等非二氧化碳温室气体排放

在本书序篇第三部分曾经说到非二氧化碳温室气体,其中最重要的两种是甲烷和一氧化二氮(氧化亚氮)。这两种主要的非二氧化碳温室气体每年的排放量都相当大,而且其排放既来源于工业,也来源于农业。与农业相关的排放因为和食品供应相关,减排难度很大。化工过程中排放的非二氧化碳温室气体是化工行业需要认真对待的,尤其是一氧化二氮气体。

化学工业产生的一氧化二氮的主要来源是硝酸和己二酸的生产过程。硝酸和己二酸都是重要的化工原料,并不能通过减少它们的使用来达成碳中和的目的,目前也没有找到替代品。在制备硝酸的过程中,对氮的氧化是一个无法避免的过程,会产生多种氮氧化物,其中就包含一氧化二氮。

己二酸是一种重要的中间体,是生产尼龙 6 和尼龙 66 树脂以及某些聚氨酯泡沫材料的原料。制备己二酸的过程是先使用环己烷经氧化生成环己酮和环己醇混合物,被称为 KA

油；然后用硝酸氧化 KA 油，就可以得到己二酸，但在这个过程中，就会产生一氧化二氮。

与二氧化碳不同，一氧化二氮在工业过程中的排放量不是很大，但因为其温室效应是二氧化碳的近 300 倍，而且会长期存在于大气中，无法被自然过程分解或转化，影响时间很长，因此控制其排放对气候保护极其重要。因为它在废气中的含量很低，因此使用捕集技术的处理效率不高，目前化工行业更多地采用催化法来解决这个问题。

在某些金属催化剂的作用下，一氧化二氮能和氨气进行反应，转化为氮气和水。因此，在很多硝酸生产设备中，会单独设计一个处理装置，将氨加入废气中，在高温和催化剂存在的条件下与一氧化二氮反应，转化为无害的氮气和水排放到空气中。如果催化剂的选择性足够高，载体的性能足够好，可以有效转化超过 99.9% 的一氧化二氮。

十二、等待革命性的技术突破

化学科技虽然历史悠久，但依然充满着活力，每年都有大量的新研究成果出现，而且科学家和工程师追求可持续发展的历史远比公众关注这个问题的历史要长久，很多极具可持续发展潜力并富有创造力的科技想法在很多年前就被提出并一直不断地被研究和发展。在碳中和的道路上，可以期待出现颠覆性的科技成果以帮助我们解决一些目前难以解决的问题，虽然这些技术目前只处在实验室研究阶段，但是未来的研究进程很可能超出公众的预期。例如，光伏技术事实上在19世纪就被开发出来了，当时因为极低的转化效率没有什么实用价值，但科学家们并没有放弃研究，现在光伏技术已经成了我们最可依赖的可再生能源技术之一。下面就介绍一下两种有意思的技术。

1. 生物合成技术

几乎所有的生物体都是设计精妙的化学反应器，即使是最简单的单细胞生物，其体内对不同化学反应的控制机制都令人惊叹，甚至远远超出人类目前科学水平的认知，但这并不妨碍人类利用这些神奇的生物反应来改善生活质量和提升环境水平。比如，人类在几千年前就开发了酿酒技术，利用微生物代谢产生乙醇的化学反应，通过发酵的方法来大规模地生产含有乙醇的混合物，这项技术甚至被认为是化学工业的肇始。

化学家们对生物化学反应的应用，随着科技的发展不断扩展，其中一个比较成功的应用就是生物法制维生素。巴斯夫公司在20世纪70年代末80年代初最早实现了用微生物发酵的方法，使用淀粉为原料来制造维生素B_2。在20世纪80年代，全球的维生素绝大多数都是用合成法制造的，这需要约20步化学反应，而使用生物法仅需一步，而且在温和的反应条件下就可以获得最终产品。目前，全球90%以上的维生素C和维生素B都是由生物法制得的，而我国已经是全球最大的维生素生产国。

相比化学过程中常用的合成反应，生物化学反应的选择性和效率都高得惊人，而且反应条件很温和，大部分反应都能在室温附近进行，因此相比很多需要高温高压的合成反应，生物反应的二氧化碳排放量远远低于传统的合成反应。20世纪的八九十年代是生物反应的大发展时期，使用生物发酵方式获取的化学品逐年增多，如各种酶制剂以及各种醇类、胺类和酸类化合物。随着气候保护与碳中和趋势的逐步发展，生物化学技术被认为是重要的技术手段。

事实上化工行业早已开始应用一些成熟的生物化学技术来达成减排的目的。例如，丙氨酸是生产日用化学品、药物及保健品、食品添加剂和饲料等产品的重要原料，丙氨酸可以化学合成，但近年来在生物化学科技的支持下，一批以华恒生物为代表的企业开始用生物发酵的方法来生产丙氨酸，该工艺生产的丙氨酸带来的碳足迹要比合成法小很多，也逐步被更多的客户所接受。

但是生物发酵的方法也有一定的局限性，主要是商业化的设施在效率和成本上与化学合成法相比还有差距。一方面是微生物的成长需要一定的时间，另一方面是对发酵环境的卫生要求比较高；与此同时，发酵法产品中的杂质理论上成分可能更复杂一些，提纯上困难相对较大。比较一下发酵法制酒精和工业合成制酒精的成本和纯度就可以窥斑见豹。

随着基因工程与合成生物学逐步发展，一些之前难以实现的场景有了可能。有些企业以工业尾气或农业废弃物为原料，利用生物发酵技术来生产化学品如乙醇，之后再使用这种生物乙醇为原料来生产新的化学品。相比传统的发酵方法使用淀粉或葡萄糖等为原料（原料本身也有碳足迹），这种方法使用工业尾气，能有效地将原本可能排入大气的二氧化碳固定在化学产品中，而且其原料在成本上也有很大的优势，商业化的可能性更大。

这类生物技术已经有了应用,拥有该技术的 Lanza 公司已经在中国和首钢集团共同运营着利用钢铁行业废气为原料,通过生物发酵生产乙醇的项目。据统计,全球每年的石油精炼废气可生产 2 550 万吨乙醇,钢铁行业废气可生产 1 500 万吨乙醇,农林废弃物可生产 18 亿吨乙醇,而目前全球每年的乙醇总产量为 1 亿吨左右,因此全球工业废气和农林废弃物可以提供足够的原料来满足全球市场对乙醇的需求。

从 2021 年开始巴斯夫公司也和 Lanza 建立了合作关系。Lanza 的技术目前主要用于乙醇的生产,同时正在开发能产生不同代谢物的微生物以发酵生产更多其他类型的化学品,如异丙醇和正丁醇等。这一方面可以扩大生物发酵的规模,另一方面通过丰富产品线,使得生物技术能更好地和市场需求对接。双方希望能利用各自技术上的优势,如 Lanza 的微生物发酵技术和巴斯夫的处理、分离、提纯等技术,将双方的业务完美地对接。

合成生物学可以利用基因工程等手段改造微生物,将不同功能的微生物以类似工厂设备的方式组合起来,完成过去单一发酵过程无法达成的复杂工业任务。Lanza 公司目前在研究将能代谢产生不同化学成分的微生物作为"软件",而发酵和处理设施作为"硬件",用同一套设备,仅仅通过"软件"也就是微生物的替换来处理不同的原料或生产不同的化学品,以提升这项技术的商业化潜力。

合成生物学和最新的生物化学技术是可以期待的减少化学工业温室气体排放的重要手段,虽然现在生物化学还无法替代主要的化学过程,但生物化学中蕴含的机会是巨大的。

2. 人工光合成技术

光合作用是一种生物体将太阳能转化为化学能的过程,通过这个过程,植物、藻类和细菌等生物体能够将二氧化碳和水转化为有机物质,同时释放出氧气。这个过程需要光合色素(如叶绿素)和酶的参与,以吸收太阳光能和催化化学反应。

光合作用包括两个主要阶段:光反应阶段和暗反应阶段。光反应阶段主要是通过光合色素吸收太阳光能,将水分解为氢离子和氧气,并生成高能化合物,如三磷酸腺苷(ATP)。暗反应阶段(也被称为卡尔文·本森循环),则是利用光反应阶段生成的ATP和还原态的电子传递物质(如NADPH辅酶),在不依赖光的条件下,将二氧化碳还原为有机物质(如葡萄糖、淀粉等)。

目前的人工光合成研究和应用都集中在光反应模拟和暗反应模拟两个方向上。在光反应的模拟上,科学家希望通过光敏剂和催化剂的开发,能直接利用光来分解水制氢,而不是先将光能转化为电能,再利用电能来电解水制造氢气。这样制造氢气的效率理论上比电解要高得多,虽然目前有些进展，但都是实验室规模的尝试，距离能产生实际效果的商业化还相差很远。主要的问题在于关键的化学物质不是过于脆弱，就是过于昂贵，一方面在实际反应条件下很容易被腐蚀或失效，另一方面成本又高到商业化难以承受。

在暗反应模拟上，科学家则借助合成生物学的发展成就，通过选择和操控一些光合微生物，利用其新陈代谢将二氧化碳转换为有机物。本部分前面描述的 Lanza 公司的一些研究成果也证明了这是一个有希望成功的道路，如将二氧化碳转化为乙醇、丁醇等，已经接近了光合作用暗反应的效果。

基于现有的科技水平，还有部分科学家在研究所谓"半人工光合成"，即把部分可以人工模拟的反应与天然的生物反应结合起来，作为一种过渡性的技术。

人工光合成一旦取得突破，不仅能减少现已存留在大气中的二氧化碳，改善大气质量，还能以前所未有的低廉成本制取氢气和生产有机化学产品，甚至直接合成食品，降低对耕地的依赖性。虽然目前而言，这距离我们还相当遥远，但其诱人的前景值得新一代的化学家继续努力，也值得全社会共同期待。

相信在上述这两项技术之外，还有很多其他的技术都在发展中，或许其中的某些能给我们带来惊喜。

下篇　助力非化工行业碳中和的化学科技

　　新能源行业似乎是一个不那么需要外在帮助减排的行业，而事实上，这个行业只是在运营过程中排放的温室气体量很少，在建设和维护阶段则不可避免地要排放相当数量的二氧化碳或使用相当数量的碳足迹较高的产品。与此同时，新能源发电目前还没有完全解决发电量波动与用电量波动的巨大差异问题，这就需要大规模储能。这些问题，随着新能源在社会能源消耗量中的占比越来越高，会变得越来越急迫。这里首先介绍大规模储能中的化学科技，后面5部分依次介绍与风电、太阳能光热发电和光伏发电以及氢能和氨能有关的化学科技。

　　除了新能源行业中的化学科技，本篇还将介绍从空气中捕集二氧化碳、循环经济需要的化学科技以及农业减排中的化学科技。

一、大规模储能中的化学科技

可再生能源电力主要来自光伏发电、光热发电和风力发电，光伏发电和光热发电都只能在白天有太阳的时候，而且还会因季节原因出现发电量的波动，而风力发电除了季节性之外，有风无风以及风力大小的变化等因素使得其稳定性更差一些。这将导致发电曲线和用电曲线之间的巨大鸿沟，如此大的差异难以通过电网来消化。要解决这个问题，一种方法是调整发电端，在可再生能源发电不足时，用其他的发电方式来补充需要的电能，目前可以考虑的基本还是火电，这就又会出现温室气体排放。另一种方法被称为需求侧管理，是通过一些经济和技术手段，使用电方调整用电的节奏，以更好地符合发电曲线的变化。例如，很多光伏发电配套了制氢设备，在发电量大于用电量时，将多余的电量就近电解水制氢，氢气可以用于其他用途，这样用电侧就增加了用电量，使得用电量能接近发电量。需求侧管理并不是一个新做法，事实上现在施行的峰值电价和谷值电价就是一种需求侧管理。需求侧管理的调整能力有限，毕竟不是所有的用电习惯都是可以改变的，比如照明用电主要还是发生在晚上，这个即使调整电价也不可能改变。这一问题最终的解决方法，还是要依赖大规模的储能设施，即在发电量大时将电能储存起来，然后在用电量大时再将储存的电能释放出来。

现在已经有不少储能的示范项目，如巴斯夫公司于2022年在其上海的浦东基地和三峡集团共同建立了一套储能装置（图2-1），峰值放电功率4 000千瓦，总储能能力12兆瓦时，使用的是磷酸铁锂电池，4个集装箱里是数百个电池单元，同时配置两套交直流转换系统，一套将交流电转换为直流电用于储能单元充电，一套将直流电转换为交流电用于储能单元向相关设备供电。设计储能综合效率为84%，设计充放电次数为6 000次，6 000次循环后充放电能量保持率不少于80%。

图2-1 位于巴斯夫公司上海浦东基地的峰值放电功率4 000千瓦的储能装置

据悉,这个项目的投资可以依靠峰值和谷值的电价差异来收回,这也从侧面证明了需求侧管理和储能技术结合的商业化前景,但是这个项目并不能完全代表未来碳中和所需要的电网储能技术。按我国目前的规划披露的部分信息,2060年可再生能源电力将占全国总发电量的80%,以可再生能源电力的特点,要拟合用电量的需求,基于我国这样的经济体量,储能的规模将是惊人的,对储能效率的要求也将会非常高,毕竟如此巨大的储能量,哪怕是很低比例的损耗也会是一个天文数字。

1. 各种储能技术

储能的手段很多,用于未来可再生能源占比极高的电网储能的手段必须要满足几个基本的要求:首先是可以频繁快速地充放电,这样才能满足电网频繁的削峰填谷的基本要求;第二是要满足足够的电功率、超高的储能总量以及相当长的释放时间三个条件,以弥合电网发电量曲线和用电量曲线间的电量差异和时间差异。到目前为止,相对成熟的可用于跨季节的能源管理和电网储能的事实上只有抽水储能和压缩空气储能两种技术,这两项技术都属于物理储能技术。

抽水储能是利用电网多余的电力驱动水泵将水抽提到位置较高的水库中,待用电量高时从高位水库向低位水库放水,利用水流的势能发电,将储备的能量送回电网。压缩空气储能的原理类似，也是将多余的电能转换为机械能，用压缩机将空气压缩后储存在容器或巨大的地质结构中，在需要的时候压缩空气释压，推动涡轮机发电，再将电能送回电网。

抽水储能基本就是再造一个人工水电站，因为水力发电设备和技术都很成熟，所以抽水储能是目前技术最成熟的大规模储能技术，其最大的限制是需要合适的地理环境以建设有足够高差的水库。抽水储能目前已经有相当数量的项目，在目前大规模储能项目中占据绝对多数。但是必须看到的是，这种物理储能技术受限于水泵和水轮机的机械效率，在电能和机械能转换的过程中会损失相当多的能量，从而影响整个系统的效率，一般抽水储能的效率在70%~80%之间，这还没有计算天然蒸发和降雨可能产生的影响。同时从发展的角度看，抽水储能受到地理条件的限制，其储能总量并不能以我们期望的方式扩大，而且抽水储能的调节主要还是针对跨季节的需求，短期电网的调节使用这种方式就显得精确性不足了。

利用压缩空气大规模发电的技术没有水力发电那么成熟，其中主要的挑战在两个方面。一个是储存容器不仅体量巨大，还要足够安全。电网储能级别的容器目前更多依赖特殊的地质结构，如废弃的地下天然气储层或矿井以及多孔溶岩洞穴，当然人造的钢制容器和管道也是一个选择，后者虽然不依赖地质结构，但是成本比较高。这一类储存方式是容器体积固定，而储存压力变化，被称为等容储存，也是现有项目中主要使用的方式。科学家们设想的另一类容器是利用深水的压力来储存压缩空气，将软质的容器置于水底，利用深水的压力来平衡压缩空气的压力，因深水处的压力保持不变而压缩空气的储存容积变化，因此这种储存方式被称为等压储存。比如将柔性的塑料容器置于海底或湖底，利用水底的压力来压缩空气，这方面的研究还在进行中，目前尚未有大型项目的报道。

即便容器的问题得到解决，还有另一个重要问题会影响整个储能系统的效率，那就是空气被压缩时会升温，而压缩的空气急速膨胀时又会降温的现象。充电时升温的能量如果不加处理就会白白损失，而放电时空气降温会导致涡轮机效率下降，还需要对空气进行加热，这样会使整个过程的储能效率受到非常大的影响，这种压缩方式被称为隔热压缩。针对隔热压缩的这一问题，为了提升储能效率，需要一个被称为中冷器的设备，将压缩空气时温度升高产生的热能收集起来在膨胀时使用，以提高能源储备效率，这种压缩方式被称为等温压缩或近等温压缩，虽然实际操作中会损失部分能量，但总体效率可以比隔热压缩更高一些。还有一种压缩方式被称为绝热压缩，即整个过程中系统不与外界发生热交换，压缩升温的能量被存储在系统内（如混凝土或热油等储热介质中），在膨胀时这些热量又被传回压缩空气中，这样理论上

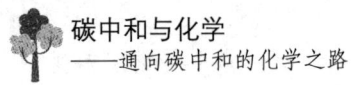

碳中和与化学
——通向碳中和的化学之路

可以达到100%的储能效率,虽然实际上不可能达到,但效率提升是显而易见的。遗憾的是,目前所有的压缩空气储能项目都是隔热压缩过程,绝热压缩目前还停留在研究阶段,我们期待着科学家们在这个领域的突破。

目前物理储能技术在已有的项目中占据着主要地位,这是由技术的成熟度决定的。大规模的物理储能不可避免地需要合适的地理或地质条件,同时机械效率也限制了储能的效率;另外,未来电网的发电量和用电量很可能非常频繁地出现差异,很可能需要进行精确而快速的调节,因此未来的大规模储能似乎还是应该把更大的希望寄托在化学储能技术上。

化学储能目前比较多的是使用各种不同的电池,将电能转化为化学能储存在电池中,需要的时候再由电池放电送回到电网中。电池的优势在于其能量转换速度快,效率高,需要的转换设备简单成熟,因此更能灵活应对电网的需求。

多问一句

那么多不同种类的电池,到底是如何储存和释放电力的?

电池的种类繁多有时的确影响了大家对电池的了解,其实电池的工作原理非常简单,几乎所有的电池都是对氧化还原反应的利用:不同的物质之间发生氧化还原反应时,被氧化的元素会失去电子转化为更高的价态,而被还原的元素则可以得到电子转化为较低的价态,只要利用好这个反应过程中迁移的电子,使之变为电流,就可以制造电池。如果只是简单地将氧化剂和还原剂混合在一起,电子就会在物质分子之间随机完成交换,无法形成定向流动。

于是化学家们为一些适于放电的氧化还原反应搭建了一个特别的反应环境(图2-2):将氧化剂和还原剂分开,成为正极和负极(放电时生成正电荷的材料为正极,生成负电荷的材料为负极),中间使用电解液或特殊的离子交换隔膜将正负极隔离(在图2-2中也可被称为盐桥)。电解液或隔膜不仅起到阻隔正负极材料直接发生反应的作用,还选择性地允许反应形成的带电离子在其中穿行,这样氧化还原反应就不会无序进行,而只有当正负极通过导线和用电器具连接起来形成回路时,电子在回路中按一定方向传递,氧化还原反

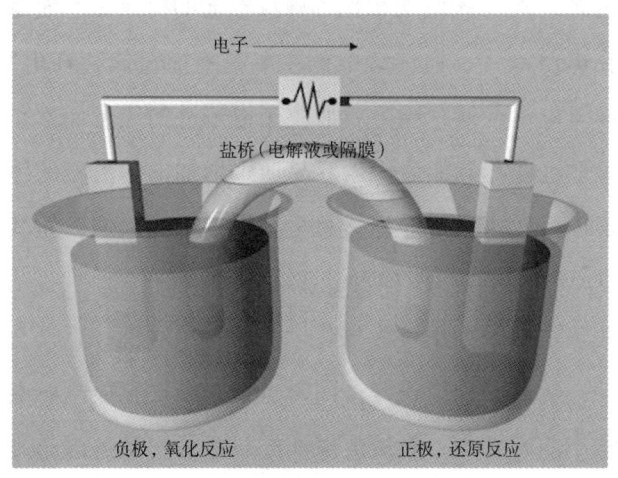

图2-2 化学电池的基本结构示意图

应才开始进行，并完成放电的过程。如果这个反应在反向通电条件下是可逆的，就有潜力做成可充放电多次的充电电池；如果这个反应不可逆，就只能作为一次性电池使用。

当然化学储能也必须满足前述电网储能的基本要求：灵活快速的频繁充放电过程，足够的功率，足够的储能总量以应对足够的放电时间。目前比较有前途的化学储能技术是液流电池、钠硫电池、超级铅酸电池和锂离子电池。

2. 液流电池

液流电池一般有两个大型容器，内置不同的化学物质，通过选择性离子交换膜进行带电离子的交换来进行充放电（图2-3）。与传统电池相比，液流电池的特点是其能量主要存储在电解液中，而传统电池主要是将能量储存在电极中，所以液流电池的储存能力就取决于电解液的质量而不是电极的质量，这样存储能力比较容易通过增加电解液槽的体积来扩展，也因此比较适合储能总量很大的电网储能，尤其是与光伏或风电等可再生能源发电系统配套。

液流电池因为正负极的化学品各自独立储存，没有直接的接触，所以安全性较好，同时也带来多次充放电对电池容量影响小的好处，一般液流电池充放电的次数可以超过一万次。液流电池的储能效率在50%~80%之间。

下篇　助力非化工行业碳中和的化学科技

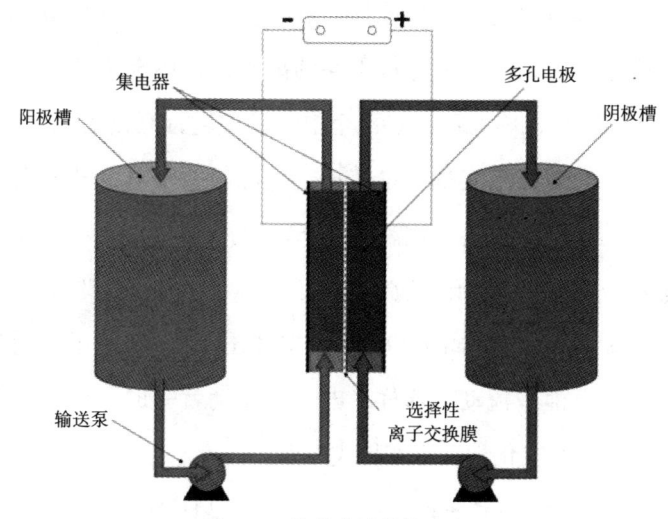

图2-3　液流电池结构示意图

既然液流电池的能量储存在电解液中，那电解液的选择就显得非常重要。化学家们已经尝试了很多种组合，以寻求最佳的性能，下面介绍一种目前技术比较成熟的液流电池——全钒液流电池。

全钒液流电池采用钒离子作为电池的活性物质，并通过液流方式进行能量转换和储存。全钒液流电池具有高能量密度、长寿命、快速充放电等特点，被广泛认为是未来能源储存领域的重要技术之一。这个概念20世纪70年代由美国科学家最早提出，20世纪80年代由澳大利亚新南威尔士大学研究成功，近年来随着可再生能源的大规模应用，全钒液流电池迎来了一个大发展的时期。

全钒液流电池的工作原理是利用钒这种元素有很多种不同的价态，可以形成带电量不同的离子，具体来说就是 V^{2+}、V^{3+}、V^{4+}、V^{5+}，将钒离子在两个电解液中进行氧化还原反应，通过电子的转移来实现能量转换。电池的两个电解液分别是含有 V^{2+} 离子的阳极液和含有 V^{5+} 离子的阴极液。当电流通过电池时，V^{2+} 离子在阳极液中被氧化为 V^{3+} 离子，同时电子在电池中流动；而 V^{5+} 离子在阴极液中被还原为 V^{4+} 离子，同时电子也在电池中流动。这样，电子的流动就完成了能量的转换和储存。其电化学反应方程式如下：

正极反应：$VO^{2+} + H_2O - e = VO_2^+ + 2H^+$

负极反应：$V^{3+} + e = V^{2+}$

电池总反应：$VO^{2+} + V^{3+} + H_2O = VO_2^+ + V^{2+} + 2H^+$

因为全钒液流电池中搬运电荷的是同一种元素，只是在价态上有变化，因此即使正负极电解液不慎混合也不会严重损坏电池；同时其本质是水溶液，不会被引燃，所以也很安全；而且它的充放电速度非常快，适合快速灵活的调峰填谷；另外它可以数千次甚至上万次循环放电而几乎不出现容量衰减的问题；当然最重要的优点是可以简单地通过扩大容器增大电解液储量来提升储能总量。

全钒液流电池也有一定的问题。首先是能量密度低了一些，因为使用水溶液，因此其自重非常大，只能以固定方式使用；其次是钒及其化合物毒性较大，处理时需要比较专业的人员和设备；而且其工作温度有一定的限制（一般在5～45℃之间），会受到储能地区的气候的限制，当然目前的第三代全钒液流电池已经能在更宽的温度范围下工作了。

全钒液流电池中最重要的化学科技，就是电解液和离子交换膜。电解液是钒离子溶解在硫酸溶液中，最初是直接制备 $VOSO_4$ 溶于水，成本相对较高，目前则更多使用五氧化二钒（V_2O_5）通过氧化还原反应或电解法来获得。同样的体积，电解液的浓度高，就能提高电池的容量，但一来电解质的溶解度有上限，二来过高的浓度也有可能带来温度变化导致晶体析出或电解液黏度出现变化等问题。钒离子在水中的溶解度是限制全钒液流电池能量密度的重要因素，目前全钒液流电池的能量密度约为 40 瓦时/千克（Wh/kg），也就比铅酸电池的 35 瓦时/千克（Wh/kg）稍高一些，但全钒液流电池的电解液成分比较简单，也就很容易保持稳定，这对需要长时间稳定操作的储能系统和电网来说还是非常重要的。

离子交换膜是另一个重要技术因素。全钒液流电池是依靠氢离子（H^+）来传递电荷的，因此必须使用阳离子选择性通过的阳离子膜。离子交换膜不仅需要保持非常好的选择性，避免正负极物质出现混合，还要确保具有强大的通过能力和较低的电阻。当然足够的机械强度和化学稳定性也非常重要，因为离子交换膜的寿命将决定液流电池储能系统的运行成本。

目前的离子交换膜通常由一些聚合物制成，主要有偏聚二氟乙烯、聚丙烯腈、聚甲基丙烯酸甲酯、聚乙烯、聚乙烯醇等。这些聚合物形成了膜的基本骨架，确保了正负极材料能被有效阻隔，同时又留出通道，允许选择的离子通过。决定其离子选择性的则是材料分子中携带的活性基团，一般阳离子膜需要携带酸性的活性基团以吸引阳离子附着并进一步渗透通过，常见的有磺酸基、羧酸基和磷酸基。离子交换膜的生产是一项技术含量较高的工作，虽然制备过程本身不是非常复杂，原材料也不难获得，但保持品质的稳定和性能的一致却有着相当的难度。

全钒液流电池只是液流电池的一种，除了全钒液流电池，科学家们还在开发或尝试其他类型的液流电池，比如针对正极的 V^{5+}/V^{4+} 溶解度较低的情况，调整电解液的成分，正极使用溶解度更高的铁离子（Fe^{3+}/Fe^{2+}）替代 V^{5+}/V^{4+}，与负极的 V^{2+}/V^{3+} 配合，这样可以提高电解液的浓度，提升液流电池的能量密度。还有使用锌作为正极材料，使用溴作为负极材料的锌溴液流电池，正极的锌在充放电过程中在金属锌（Zn 固体，沉积在电极上）和锌离子（Zn^{2+}，溶解在电解液中）之间转换，溴则在溴单质（Br_2，液体）和溴离子（Br^-，溶解在电解液中）之间转换，因为锌一次价态变化可释放两个电子，相比钒每次价态变化只能释放一个电子，这种设计也能提升电池的能量密度。

液流电池因为需要使用大量的电解液使得其重量和体积

都比较大，不但限制了能量密度，还提高了造价，因此有部分科学家在减少电解液的方向上做出了努力。借鉴上述锌离子和金属锌的变化，科学家提出了沉积式液流电池的想法，就是使得正极或负极的电化学反应会产生沉积物（固体），可以在电极上析出，这样就可以正负极共用一种电解液，只是电解液中的两个元素在充放电过程中发生不同价态和固体液体之间的转换，以提升能量密度，这种液流电池称为沉积式液流电池。但这种电池的电极上能析出的沉积物附着量限制了充放电的能力，进而限制了储能的总量；同时，反应物在固态和液态之间转换，相对只是在液体状态下的价态变化（如全钒液流电池），反应速度要慢一些，这样充放电速度也会受到限制。尽管液流电池还有其他的优化方式，但事实上可快速充放电，能经受多次充放电过程而维持储能效率和能力，并且在功率、储能总量以及工作时间上符电网要求的，还是技术上最成熟的全钒液流电池。

目前液流电池在电网储能上占据的比例虽然还很低，但不可否认它具备相当多的优点，作为一项近年来才开始成熟的技术，其前景还是相当光明的。单在我国，仅2022年全钒液流电池的装机量就达到了200兆瓦。目前全球最大的投入使用的液流电池储能项目在我国的大连，投入使用的储能电站额定功率100兆瓦，总储能量400兆瓦时。当然液流电池能量密度较低的问题依然存在，因此，人们也对另外一种能量密度较高的电池方案寄予厚望,这就是钠硫电池。

3. 钠硫电池

钠硫电池(图2-4)是一种和液流电池完全不同的电池,它使用金属钠作为负极,而以硫作为正极,使用β-三氧化二铝(β-Al_2O_3)为固体电解质膜,也是正负极间的阻隔层。β-Al_2O_3是一种掺杂了钠离子的具备钠离子传导性的氧化铝陶瓷,它类似于液流电池中的离子交换膜,选择性地允许钠离子穿越。钠硫电池在放电时,在负极,金属钠转化为钠离子Na^+,穿越β-Al_2O_3骨架材料的阻隔层,进入正极;而在正极,钠离子穿越阻隔层后,与硫反应,形成多硫化钠,多硫化钠的形式很多,如Na_2S_2和Na_2S_4。而在充电时,整个反应都反过来进行。

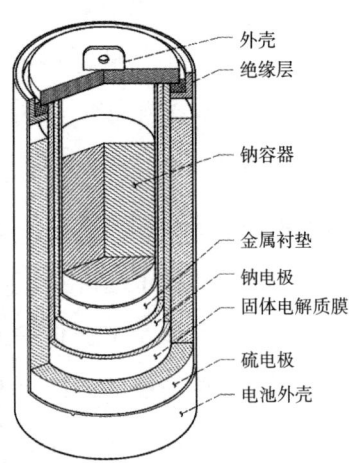

图2-4 钠硫电池单体及其结构示意图

钠硫电池的反应方程式如下：

正极：$xS+2e^- = S_x^{2-}$

负极：$2Na = 2Na^+ + 2e^-$

电池总反应：$2Na+xS = Na_2S_x$

因为固体状态下，化学反应很难快速进行，因此钠硫电池工作时，金属钠和硫必须处于熔融状态，因此其工作温度很高，必须达到300~350℃，使得钠和硫都处于高温液态，电池才能正常工作。因为钠和硫都可以燃烧，所以如此高的工作温度，对钠硫电池的储能体系是有着很高的安全要求的。

多问一句

β-Al_2O_3是一种什么物质？

氧化铝（Al_2O_3）是铝元素的氧化物。铝是地球表面丰度最高的金属元素之一，铝的氧化物随处可见，并且种类繁多。氧化铝虽然化学式简单，但其晶体空间结构有很多种，不同的空间结构会形成不同的物质，被称为"同质异晶体"。据报道目前已经发现了12种不同的晶体结构，最常见的是α型、β型和γ型。α型的氧化铝就是我们常说的刚玉，蓝宝石和红宝石也是以这类氧化铝晶体为主的物质，其结构堆积紧密，晶体牢固，硬度极高，同时化学性质也非常稳定，常用作高级玻璃原料、轴承材料以及磨料或耐火材料。β型晶体属于层状结构，化学性质不如α型稳定，但钠离子却可以在层间自由移动或进行离子交换,因此被用于钠硫电池的固体电解质阻隔层(图2-5)。γ型氧化铝则是一种过渡相结构,结构疏松,比表面积大,吸附性很好,常用作吸附剂和催化剂。

图2-5 用于钠硫电池固体电解质阻隔层的β-氧化铝陶瓷管

钠硫电池最初是作为动力电池由福特汽车公司开发,但事实证明,它更适合于电网储能领域,主要原因如下:首先是其原料非常容易获得,且价格低廉,适合大规模装备;同时和其他的电化学储能方式相比,钠硫电池能经受超过额定电压数倍的"浪涌式"充电,其"蓄洪"能力非常强,这个特点很适合电网储能尤其是发电量不甚稳定的可再生能源电力系统的储能;更重要的是,钠硫电池的理论能量密度很高,可以达到760瓦时/千克(Wh/kg),虽然实际应用中目前仅能达到240瓦时/千克(Wh/kg)左右,但相比前面提到的全钒液流电池的40瓦时/千克(Wh/kg),已经高出了非常多,设备上能节省出大量空间;而且钠硫电池的充放电寿命也很高，可以达到数千次而基本不影响其储能能力，储能的效率在80%~90%之间。

钠硫电池也有着其自身的问题。首先，前面说过，钠和硫都易燃，而且钠硫电池需要在300~350℃的温度下保持钠和硫处于熔融的液体状态才能工作，这就更增加了其危险性，需要在设计和运营上增加足够的安全考虑和设计冗余；同时因为工作温度的问题，需要提供单独的加热能源，确保电池在冷却后能被重新加热启动，虽然可以使用绝热的外保温层来维持其温度，但在日常运营中维持温度始终都会是一个挑战；第三，钠的多硫化物有相当强的腐蚀性，这对电池的外壳材料、封装工艺和密封性等都提出了特别高的要求，如果考虑到电池运行温度和常温之间巨大的温差可能导致的封装材料的热胀冷缩，对材料选择和制造品质的要求就更加高了。这也是钠硫电池目前的储能装机量远远低于其实并不那么适用于大规模储能的锂离子电池的原因。

4. 锂离子电池

锂离子电池是大家比较熟悉的电池系统，利用锂离子相关的材料作为正极，按正极材料来归类，常见的有锰酸锂、镍锂、镍钴锂、三元锂和磷酸铁锂等不同种类。锂离子电池最初曾使用金属锂作为负极，但是由于容易形成新的可以生长的树枝状晶体（枝晶），刺破隔膜导致电池短路，安全性不是很好，所以转向使用碳作为负极材料，常见的有石墨、软碳或硬碳。现在也有人在研究使用合金材料以及金属的氧化物或氮化物作为负极，目前都还没能取代碳基材料。

锂离子电池是一种浓差电池，其化学反应要复杂一些。简单而言，锂离子可以嵌入正负极材料的晶体结构中，也可以从其中脱出（称为"脱嵌"），放电时，锂离子从负极的石墨晶体结构中脱嵌，经电解液向正极移动并嵌入正极材料的晶格之中，使得正极材料处于"富锂"状态，充电时则正相反。因此，锂离子电池对电极材料的晶体结构有着特殊的要求，以确保锂离子能在正负极材料的晶体结构中嵌入和脱嵌。

近年来三元锂和磷酸铁锂电池因在乘用车上的列装应用而广为人知。在电网储能中，磷酸铁锂电池相对而言应用更多一些，主要是因为磷酸铁锂电池在安全性和反复充放电次数上比其他锂离子电池的性能都要优异一些。锂离子电池的主要优势是能量密度高，可达150～200瓦时/千克（Wh/kg），因此在乘用车领域可以大显身手，但用于电网储能也有着一些不可忽视的问题，主要是不耐深度放电和过度充电，以及储能能力的衰减和对温度的敏感性（低温下电池的性能急剧下降）。但是因为其技术在乘用车中大规模应用而成熟度较高，尤其是我国目前锂离子电池有着大量的产能，导致其价格相当有吸引力，因此现在还是在很多需求侧储能项目中占据了相当的份额（如前文提到的巴斯夫上海浦东基地的储能项目），但因为磷酸铁锂电池的低温性能相对不是很好，所以不太适合在中国北方地区使用。目前电动汽车用的电池材料的研究如火如荼，大量资金和技术力量都在这个领域集中攻关，以寻找最合适的电池材料和生产工艺，相信很快就能取得新的突破，无论在乘用车还是在储能领域，都将对气候保护和碳中和事业做出巨大贡献。

多问一句

为什么锂离子电池有能力衰减的问题？

从化学科技的角度解释，锂离子电池材料的化学成分相对比较复杂，发生的反应也比较多，其中部分化学反应并不是在充放电过程中可逆的化学反应，因此每次充放电过程中，一部分电池物质将无法回到初始状态，这就表现为电池的储能能力随着使用进程而出现衰减。相比锂离子电池，上文提到的液流电池和钠硫电池的正负极反应要简单得多，因此后两者在使用寿命和充放电次数上也比锂离子电池有优势。

锂离子电池的这个问题不仅影响了电池的储能能力，还是其安全性问题的来源之一：在多次充放电过程中，这些不可逆反应会造成部分电池物质的反应产物逐步沉积，甚至形成尖锐坚硬的树枝状晶体，被称为"枝晶"，一旦枝晶刺破电池正负极隔膜，就会造成电池短路，剧烈的氧化还原反应会导致电池快速升温造成火灾。

对于不可逆的副反应,化学家们也在采取更多的方法来抑制,其中一条思路就是控制正极材料的形貌。之前为了提升电池的电化学性能和电极材料的压实密度,通常希望正极材料的颗粒越细越好,这样虽然使得化学反应面积增大,反应速度和效率提升,但也导致了更多副反应的发生,所以现在科学家们都在寻求一种大小颗粒混合的最优组合(图2-6),使得压实密度既足够高又能抑制部分副反应的发生。

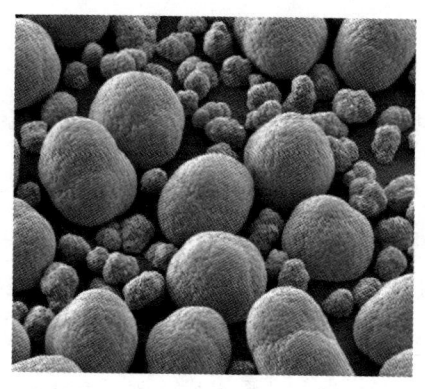

图2-6 放大3 000倍的大小颗粒混合的锂离子电池正极材料的照片

虽然锂离子电池在电网储能方面遇到一些障碍,但清华大学碳中和研究院却提出过另一条思路——分布式储能的设想:将所有的充电桩联网,按电网的负荷来实时调整一个区域内甚至全社会的电动车的充电节奏,让每一辆车都成为一个储能单元,以电动车的巨大数量、频繁的充电需求以及多数乘用车辆停放时间远大于行驶时间的特征来达成电网削峰填谷的目的,优化每辆电动车的充电时间,以最合理的方式来平衡可再生能源发电曲线和社会用电需求曲线之间的差异。以我国在2025年拥有3 000万辆电动车来估算,如果这些车的充电时间平均分配,大约相当于3亿千瓦时的储能容量,而目前中国电网的峰谷差也就在3亿~4亿千瓦时之间,电动车充电完全可以用于电网储能调度。这是一个非常有创意的想法,而且具备相当的可行性,唯一需要担心的问题是如果未来电池技术的发展使得充电时间得到了实质性的缩减,这个方法所能产生的效果就有可能大打折扣,甚至无规划的快速充电还可能对电网产生更大的波动影响。所以,即便不是出于储能考虑,未来使用智能充电桩联网并根据电网负荷调整充电节奏的需求依然是存在的。

总体而言,电网储能科技对未来碳中和的社会极其重要,而目前储能的一系列问题在技术上并没有被完全解决。虽然物理方法(抽水储能和压缩空气储能)的技术相对成熟,但受到地理条件的限制,未来随着光伏、光热、风电等可再生能源在发电中的占比逐步上升,需要更多的储能设施是必然的,电化学储能一定是其中极其重要的一环,这还需要化学家们进一步提升电化学储能设施的安全性、经济性和可维护性等,使得人类的碳中和之路和绿色能源转型之路走得更加顺畅而平稳。

这里我们回顾一下现在风光无限的锂离子充电电池的发

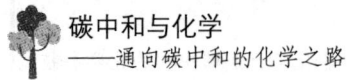

碳中和与化学
——通向碳中和的化学之路

展历史,事实上它已经诞生了超过50年,其中花了近20年时间才走出实验室,而且在其商业化过程中,在与其他技术的竞争中,多次被一些公司放弃,最后的成功可以说是历经磨难,这可以说是人类科技发展的一种常态。如今的储能技术发展阶段很类似当年锂离子电池出现的时刻,人类面临着巨大的未知,并不清楚哪一种技术能最后独领风骚,所以各项技术都同时在发展,直到合适的公司在合适的时刻取得突破,最终才能造就最适合的商业化科技的诞生。所以,让我们保持耐心,等待科学家们在储能技术上取得突破,使得可再生能源电力插上翅膀,不分时段地为全社会服务。

多问一句

锂离子电池有怎样漫长而曲折的发展之路?

锂离子电池最早由埃克森公司的斯坦利·惠廷汉姆在1972年开发出初代版本,当时的背景是埃克森公司认为石油产量将在2000年达到峰值并逐步降低,因此鼓励公司内的科学家寻找石油的替代品。这位在埃克森新泽西研究所工作的青年英国化学家开发了一种以二硫化钛为正极、以锂离子为电解液的可充电电池,相比当时最好的可充电的镍镉电池1.3伏的电压,惠廷汉姆的电池电压达到了惊人的2.4伏。在惠廷汉姆为董事会做了仅5分钟的介绍一周后,就收到了董事会愿意投资的决定。但开局的顺利很快由于埃克森公司转换策略而停滞：埃克森公司在20世纪70年代末放弃了寻找石油替代品的大部分努力，并且不认为这个技术能获得成功，因此停止了该计划。多年后惠廷汉姆依然认为这个决定是合理的，因为这项发明的确过于超前，市场太小了。

此时牛津大学的约翰·古迪纳夫在阅读了惠廷汉姆的论文后，开始了对这种电池的研究，并使用钴酸锂替代了二硫化钛，成功地将电压提升到了4伏。他兴奋地将这项发明推荐给各个电池公司，遗憾的是全部被拒绝，而且牛津大学还拒绝为古迪纳夫的发明支付专利申请的费用，因为牛津大学不愿涉足知识产权。此时距离牛津大学仅20英里（32千米）的英国原子能研究所表示愿意资助古迪纳夫，条件是他和他的研究团队放弃财务权利。古迪纳夫和他的同事水岛公一接受了这个条件，在原子能研究所1981年获得专利之后，古迪纳夫没有从自己的发明中获得任何收益。

1982年，在朝日化学公司工作的日本科学家吉野彰在阅读了一篇古迪纳夫的论文后，希望古迪纳夫的技术能帮助他寻找和他正在开发的塑料负极配对的正极材料。在尝试了自己的塑料电极和其他各种不同的含碳材料之后，吉野彰发现石油焦是一种非常适合与钴酸锂正极匹配的负极材料。这是锂离子电池发展路上的重要一步，之前惠廷汉姆和古迪纳夫都使用金属锂作为负极，金属锂极不稳定而且容易燃烧，以石油焦为代表的碳电极则完全解决了这个问题。只是朝日化学只是一家化学公司,并不知道如何生产电池,也没有生产电池所需要的设备,他们手中有的不过是一个粗糙的原型。

此时,曾在这个电池团队工作过的朝日化学的研究主管栗林功对这个成果视若珍宝,并果断前往美国寻找能帮助他生产电池的专家团队。1986年,栗林功带着3个分别装有负极、正极和电解液的罐子来到美国波士顿海德公园附近一座经过改装的卡车车库中,这里坐落着一家专门制造特种电池的小型公司"电池工程公司"(Battery Engineering),主要生产用于卫星、战斗机甚至导弹发射井的电池系统,经营者是电池领域的一小群博士科学家。栗林功请该公司的联合创始人尼古拉·马林科奇将"这些浆体变为圆柱形的充电电池,就像手电筒内的电池一样",并且希望不要将此事告诉任何人。马林科奇当时对送来的是什么东西并不感兴趣,只收取了3万美元的费用,就完成了200枚电池,由栗林功带回了日本。事实上,直到2020年,马林科奇都不知道他们参与制造了世界上第一批锂离子电池的事。

栗林功回到日本后,朝日化学依然对生产电池缺乏兴趣,但栗林功在1987年将这批电池带到了其客户索尼公司进行演示。索尼当时不仅正希望开发可充电锂离子电池,而且正在研发一种体积更小的便携式摄像机,因此需要体积更小、性能更好的电池,栗林功带来的电池仿佛是从天而降的礼物。

索尼随即开始和朝日化学深入沟通,在提出合作的建议被拒绝之后,索尼开始了自己的努力。虽然索尼所使用的电极材料和电解液与朝日化学的是一样的,但索尼始终宣称是在自己的工厂中独立制造的。这期间,索尼在工程师吉尾西的带领下,完成了从黏结剂到添加剂的开发,还开发了大规模生产电极材料的工艺,真正实现了锂离子电池的商业化。同时索尼公司还联系了英国原子能研究所,表示对该所拥有的"新型快速离子导电化学电池"的专利技术感兴趣,虽然原子能研究所对这个市场的大小完全没有概念,同时内部还有部分反对意见(部分董事认为不应将技术专利授权给二战中的敌国日本),双方还是很快达成了协议。1991年,索尼公司推出了这款电池并命名为"锂离子电池"(图2-7),以此开创了一个新的时代,此时离惠廷汉姆发明最初的版本已经过去了19年。

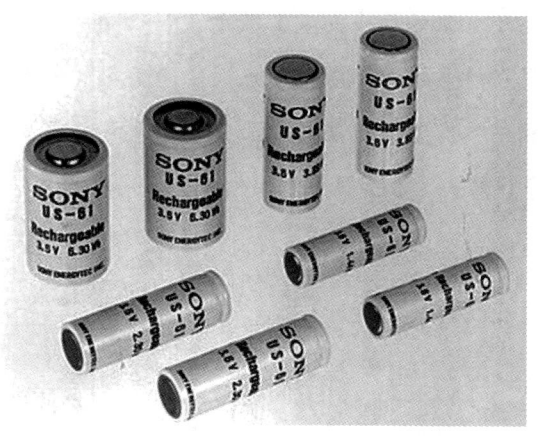

图2-7 索尼公司早期推出的锂离子电池

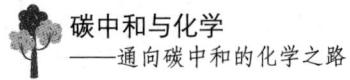

虽然惠廷汉姆、古迪纳夫、吉野彰都没有从这项技术中获得任何经济利益，但却因其研究获得了2019年诺贝尔化学奖。获得最大利益的无疑是英国原子能研究所和索尼公司，英国原子能研究所几乎没有进行任何研究就获得了一项对人类极其重要的专利，据估计在专利到期前获得了5 000万美元以上的利润，而索尼不仅在之后出售了数千万枚电池，而且其数字摄像机也因锂离子电池的使用而大获成功，引领了数字摄像设备的潮流，并在2016年将电池业务以175亿日元的价格出售给了村田制作所。至于遗憾错过这个机会的埃克森公司，现在正面临电动汽车替代燃油汽车带来的挑战；牛津大学则失去了近在咫尺的科学成就；朝日化学在错过机会后，于1993年重新进入电池领域，与东芝公司合作生产电池。

锂离子电池的故事向我们展示了科技与商业之间的复杂关系。现在的电化学储能技术也面临着类似的迷雾，但我们始终要相信唯有不断地在科技上探索和优化，最终在商业上形成竞争优势，才有望最终解决储能领域所面临的问题。

二、风电行业中的化学科技

风力发电是可再生能源的重要形式，目前已经在我国的总装机量中占据相当的比例。风电因为装备和技术的成熟度很高，加之风力发电对周围环境的影响非常小，因此未来风电尤其是海上风电还会有相当大的增长空间。

风电行业尤其是装备的制造，对化学科技和化工行业的依赖非常大。要获得更高的发电效率，风机叶片越长越好，同时还要保持足够的刚度，但与此同时，更长的叶片不仅重量会更大，难以被风力所驱动，同时在风中的形变也越大，甚至可能撞击支架。所以，风力发电机效率的提升，在很大程度上是对更优异的材料的追求过程。

最初的风机叶片是用金属或木材制作的，后来为了减轻重量开始使用复合材料，目前的主流是玻璃纤维加强的聚合物材料。随着叶片的进一步增长——目前最大的风机叶片长度已经达到了123米（位于福建省平潭外海的风电场），其叶片主体采用玻璃纤维加强复合材料，内部的主梁则采用碳纤维加强复合材料（图2-8）。

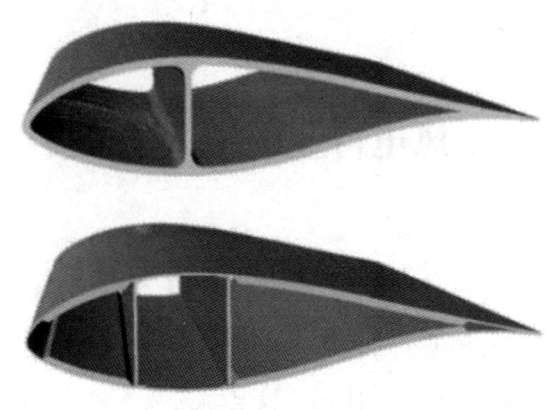

图2-8　风机叶片主体及叶片内的主梁

上述两种复合材料都是与聚合物复合，目前主要使用的聚合物是环氧树脂。"环氧"是指环氧基团，即一个氧原子与两个碳原子构成的环状三角形分子结构（图2-9），含有这样结构的高分子化合物被称为环氧树脂。环氧树脂呈液态可以自由流动，能在交联剂的作用下形成三维的立体结构并固化，其强度、耐磨性、绝缘性甚至外观等各种性能都非常出色，因此被广泛用于地屏、黏结剂、涂料等；而其流动性、稳定性好，同时能和交联剂反应固化的特征，又非常适合用于加工制造巨大的风机叶片。对于大型叶片，制造过程现在并不能完全自动化，也无法通过一次性的加工过程完成，因为体积巨大，也不能使用加热注塑的方式来成型，只

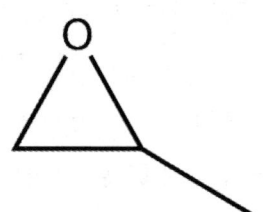

图2-9　环氧丙烷分子结构

能将常温下流动性好的树脂注入模具，并利用交联剂和树脂之间的交联反应在常温下固化的方式为叶片赋形，所以在常温下完成注入、浸润和固化就是风机叶片对高分子材料的基本要求。

风机叶片的制造虽然也需要模具，但因为需要玻璃纤维加强，因此并不是我们想象中的采用浇筑或注塑的方式制造，而是先将玻璃纤维织物铺设在模具中（图2-10），然后在上面铺设一层柔性的真空膜，并在真空膜上安置树脂的真空加注口，之后抽取真空膜和玻纤织物之间的空气，形成的负压将树脂吸入并浸润玻纤织物，并在一定的时间内固化成型；之后在一侧模具上安装主梁，再经过合模、固定主梁、脱模、打磨、涂装等工艺完成风机叶片的制造。

图2-10　正在模具中进行的玻璃纤维织物铺设作业

因为大功率风机叶片的尺寸巨大，因此要确保树脂的流动性足够好，能在真空负压的驱使下流动到模具的每个角落，同时保持对玻璃纤维的良好浸润，否则就会造成瑕疵和裂纹；同时固化的时间也不能太长，否则保持流动状态的树脂会在重力的作用下逐步流向模具的最底部，不能均匀地分布，这就会严重影响叶片整体的机械性能。这就对高分子材料的加工性能提出了非常严格而特殊的要求。

首先树脂材料必须能在储存状态下保持高流动性，这样才能充分地覆盖每个角落，同时能完全浸润玻璃纤维之间的空隙，但这样的流动性要在完成了覆盖和浸润过程后迅速降低，并快速固化。固化过程需要树脂中加入的交联剂来启动交联反应，交联剂在真空吸注之前加入树脂，对启动交联反应的时间点和完成交联反应的速度两个指标都有着严格要求。启动时间过早，会导致树脂流动性降低，不能覆盖每个角落，也无法充分浸润玻璃纤维之间的空隙，从而造成瑕疵；而要是交联反应启动的时间晚了，本已到位的树脂依然保持很好的流动状态，在重力的作用下就会逐步汇集到模具的底部，从而影响叶片原本设计好的壁厚，影响整个叶片的机械性能。交联反应一旦开始，最好能快速进行，尽早结束，这样可以缩短生产周期，提高产量和对模具的利用率；同时整个交联过程还要柔和均匀，因为交联反应是个放热过程，要避免出现局部高温而导致内应力。

这些对材料的化学成分的稳定性和一致性、杂质含量以及黏度、稠度等物理性能都提出了极高的要求，除了树脂和交联剂，还需要其他的成分来提升润湿、流平、消泡等各种性能，这样才能保证风机叶片在强风和各种天气下安全稳定地运转数十年。

尤其是近年来海上风电的崛起，又给风电市场带来了新的情况。海上风电相比陆上风电不仅不占土地，而且海上风力资源更加丰富而稳定，平均发电时间远超陆上风电，因此最近几年海上风电场的装机容量增幅远超陆上风电。而海上风电场的气象条件严酷，维修保养条件恶劣，设备需要在长期无人值守的情况下在各种恶劣气候下长时间运行，同时要兼顾对海洋环境的影响，因此海上风电的设备投资要远超陆上风电。由于全新材料科技的加持，使得海上风电的优势能更好地体现：没有了空间的限制，叶片能做得更长，迎风面积更大，2010年前后的大型风机叶片还在70~80米，现在的海上风电叶片已经超过了100米，而这没有先进材料作为基础是无法实现的。

随着海上风电场的扩大，未来的风电叶片甚至还有可能进一步增大。将来的挑战是使用碳纤维加强材料来制作叶片的主体，因为碳纤维比玻璃纤维的重量更轻，强度和模量更大，但对树脂和交联剂的要求会更高，因为碳纤维比玻璃纤维要细很多，相互之间的间隙也要小很多，要使树脂在有限的时间内浸润碳纤维之间的狭小空隙，难度将会比玻璃纤维大得多，甚至整个高分子体系都有可能需要推倒重来。

材料科技尤其是合成材料科技在风电中扮演了一个非常重要的角色，叶片材料只是其中的一个重要的代表。除此之外，近岸海上风电的灌浆基础材料、高环境安全性的润滑油体系（避免泄漏对海洋环境的污染）、耐受海上气候条件并能经受住超高速雨滴冲撞的涂料体系，以及海上风电的输电线缆等，都需要化学工业给出更好的解决方案。

三、太阳能光热发电需要的化学科技

　　和光伏发电直接将太阳光中的光能转化为电能不同，光热发电是利用太阳光中的热能，将这些热能集中起来发电，分为三个过程。首先需要收集热量，称为集热过程，我们小时候都知道通过凸透镜聚集太阳光能产生高温，这显示了太阳光中热能的巨大潜力，只需要将太阳光集中起来即可，在光热发电中更多地使用凹面镜聚光的方式，将太阳光的热量集中在一个比较小的范围内。第二步是加热导热介质，这一步需要依靠可以流动的导热介质来完成，它可以吸收热量，并可以被转移到加热蒸汽的换热器中，目前主要使用高沸点的矿物油，矿物油可以自由流动，因此可以很容易地被迅速转移到需要的位置，而其高沸点的特性使得它可以被加热到相当高的温度而不会出现气化现象，这样管线不必承受额外的压力。第三步是能量转换，用高温导热介质的一部分加热水产生高压蒸汽，推动汽轮机发电，另一部分用于加热熔盐，将热量储存在熔盐中数小时，待日落之后用熔盐继续为降温后的矿物油加热，继续发电。

光热电站按集热器一般分为塔式、槽式、碟式和菲涅尔式4种。其中，就效率而言是塔式光热电站（图2-11的左图）最高，导热介质被集中于高塔上，通过定日镜阵列将太阳光反射到塔顶加热导热介质；槽式光热电站（图2-11的右图）则是将装有导热介质的加热管放置于弧形镜面的光学焦点位置，并根据太阳的位置调节镜面角度来保持聚光加热的电站。

图2-11　塔式光热电站和槽式光热电站

相比光伏电站，光热电站本身就具备储能的能力，发电量的波动比较小，而且其发电使用汽轮机，电能是标准的交流电形式，入网调节更容易，但为什么现在世界上光热发电比光伏发电的总装机量要小很多呢？主要原因是光热电站的造价很高，甚至是同样功率光伏电站的2～3倍，因为光热电站中导热介质温度很高，而且温度越高效率越高，因此就对管道、储罐、泵送系统、密封材料提出了严苛的要求，相对而言，光热发电技术上也没有光伏发电技术那么成熟；同时，光热电站对地理条件的要求也比较苛刻,需要太阳的辐射强度比较高且气候干旱,全球符合这样条件的地区主要集中在中东、北非、澳洲以及北美和南美的几个靠近热带的区域,而很多这样的区域里人口稀少,对电力的需求不高,目前光热电站主要集中在美国和西班牙等较为发达的国家。

不过,恰恰是光热发电技术不那么成熟的现状成了其发展的重要动力。如果技术能继续发展,就有可能进一步提高效率,降低成本,成为更有竞争力的解决方案。以槽式集热器为例,目前使用高沸点的矿物油为导热介质,可以被加热到390℃,如果温度再提高,矿物油就会出现分解现象,从而无法进一步提升发电效率,但事实上用于储能的熔盐则可以被加热到560℃以上,现在科学家正在研究能否直接使用熔盐来替代矿物油作为导热介质,这样整个光热电站的发电和储能效率都可以获得巨大的提升。光热电站的熔盐主要使用高纯度的硝酸钾和硝酸钠的特定比例的混合物,它在240℃下就呈液态可以自由流动,完全符合导热介质的要求。硝酸盐是一种人类使用历史非常长的化学品,现在以一种崭新的方式服务于可再生能源行业。

当然用熔盐来替代矿物油也会面临很多新的挑战。矿物油在常温下可以保持流动性,但熔盐无法在常温下流动,因此熔盐如果作为导热介质使用就必须始终保持一定的高温状态,才能确保它可以在管线中流动并传递热量;同时熔盐在一定条件下对金属和塑料都会产生腐蚀性，因此在材料的选择和防腐措施上也需要有相应的方法。另一方面，无论是用于储能还是用作导热介质，光热电站使用的熔盐必须具备极高的纯度和热稳定性，除了其本身不能含有杂质，受热也不能发生化学反应产生其他杂质，这样才能确保熔盐在光热电站中长期使用而无须更换。

总之，光热发电产生的电是高品位的能量，虽然现在由于造价的原因推广程度不高，但未来随着技术水平的提升，效率还可以进一步提升（光伏发电目前的转换效率已经接近物理极限），这就有更大的可能降低其发电成本，而且全球的大量陆地如中东、北非沙漠地区有着得天独厚的光照条件，同时这些土地在其他方面的利用价值不高，加之人口稀少，也为太阳能光热发电留出了巨大的发展空间。所以，在储能技术面临诸多瓶颈限制的今天，太阳能光热发电很容易在全世界碳中和的进程中找到自己的位置，发挥自己的"光和热"。

四、光伏产业中的化学科技

光伏是大家非常熟悉的可再生能源形式，目前全球光伏的装机容量不断增长，大量的光伏板出现在沙漠、戈壁甚至城市之中。光伏是将光能直接转化为电能的装置，最早在1839年，法国科学家贝克勒尔发现光照能使半导体不同部位间产生电位差，被称为"光伏效应"；1877年两位名叫戴尔和亚当斯的科学家在研究硒的光伏效应时，制造出了世界上第一个光伏电池，但在当时并没有引起注意，因为其转换效率实在是太低了，连1%都不到。后来光伏技术在经历了很多代科学家后，在1954年出现了一个巨大的突破：贝尔实验室的三位研究人员开发出了单晶硅光伏电池，一举奠定了当代光伏技术的基础，直到现在单晶硅依然是光伏技术的绝对主流。从1958年开始，光伏电池开始被用于航天器，为卫星和其他航天器提供能量，虽然当时的光伏效率依然相当低，但随着这项技术进入实用，越来越多的进展不断取得，光伏电池的效率越来越高，成本却越来越低，逐步具备了和传统发电手段竞争的能力。目前光伏系统的效率可以达到25%的水平,与最初的1%相比,已经可以说是巨大的飞跃了。

光伏产业的突飞猛进,主要还是得益于光伏组件价格的大幅度下降,这一方面是由于产能的快速提高,另一方面也得益于材料科技的发展。最初光伏板成本最高的部分是核心原料多晶硅,因为其生产工艺比较复杂,同时对成品的品质要求又很高,因此光伏产品的价格一直在高位,只能用于人造卫星等比较高端的场合。之后随着全社会对可持续发展需求的提升,光伏发电作为一种清洁能源开始受到重视,最初在发达国家尤其是西欧国家开始较大规模推广,当时部分中国企业就开始为海外光伏市场代工生产光伏组件,但国内市场却因为多晶硅国产化进程停滞,价格难以降低而发展缓慢。到2010年前后,随着国内企业逐步掌握了生产技术以及国际上更多的公司建立了新的产能,光伏产业迎来了大爆发,随后不久我国的气候保护及碳中和政策又极大地刺激了国内市场。可以说,光伏产业的发展除了可持续发展政策的刺激之外,多晶硅的产能提升也是重要的推动力。

除了多晶硅,光伏组件还需要大量的合成材料,如光伏板需要长期在户外工作,并需要维持至少20年以上的寿命才能确保其价格竞争力,因此对支架材料有着比较严格的要求,需要具有耐锈蚀、不变形、耐水解、耐日晒、耐温度变化、抗氧化等性能,同时由于数量巨大,价格还要足够低廉。这就需要在塑料材料中添加各种不同的添加剂来满足所有的要求，首先需要长效抗氧剂来避免塑料被空气中的氧气氧化而丧失机械性能。长效抗氧剂是一种比塑料本身更活泼的还原剂，能先于塑料与氧气反应，从而保护塑料；长效抗氧剂还能控制反应的速率，使得自己不会过早全部耗尽，可以长期提供保护。抗紫外剂和光稳定剂则用来保护塑料不被日光损坏。紫外线能破坏化学键，多数塑料都很难抵御紫外线长期的侵蚀，因此需要特殊的抗紫外剂。抗紫外剂是一种特殊的分子，会吸收紫外线的能量而转换为另一种结构，这个过程被称为异构化，在这个过程中，紫外线的能量被转换为红外线消散，而不会破坏塑料的化学结构。光稳定剂也有类似的作用原理，可以通过吸收可见光波段的能量完成自身的异构化而减少一些由光引发的化学反应，并将可见光的能量转化为红外线而消除其影响。

未来的光伏产业还面临一个新的机会，这个机会也和新的化学材料有关，这就是近年来逐步成为热点的钙钛矿。相比多晶硅材料光伏器件25%左右的转换效率，钙钛矿材料的光伏器件有望达成40%~50%的转换效率，这甚至远远超出了多晶硅光伏29.8%的理论转换效率极限，使得我们开始憧憬下一代高效能光伏产品带来的新时代。钙钛矿实际上并不一定是含钙和钛的矿物产品，而是泛指一类具有一种被称为"ABX_3"晶体结构的物质，因为第一种被发现的该类物质是一种天然的钛酸钙矿石，所以发现它的德国科学家古斯塔夫·罗斯就将它命名为"钙钛矿",之后研究人员就把所有具有类似晶体结构的物质都称为钙钛矿。

ABX$_3$结构中,A是较大的阳离子,B是较小的阳离子,而X是阴离子(最小),其中A被B和X构成的八面体所包围(图2-12)。20世纪70年代末,研究人员研制出了一种以甲基胺离子为A离子,以铅离子为B离子,以卤素(氯、溴或碘)为X离子的钙钛矿物质,发现它具备光伏特性,可以将光能转换为电能。这种有机卤化铅钙钛矿的光电转换效率很快被提升到了超过20%,从而引发了科学界的注意,之后各国都开始对钙钛矿开展了大量的研究,以争取在下一代光伏材料的研发中取得领导地位。

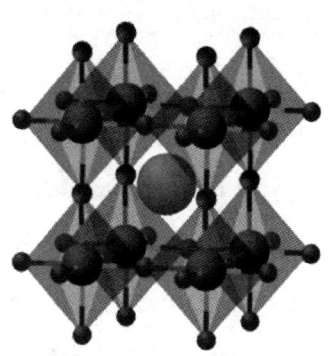

图2-12 钙钛矿的ABX$_3$晶体结构

目前钙钛矿光伏电池还没有被商业化,主要的原因是其本身的稳定性还不足以承受光伏组件的工作环境。如我们之前所说,光伏组件需要在户外的各种天候下承受日晒雨淋以及大幅度的温度、湿度变化等各种考验20年以上，才能确保其成本能和传统发电方式竞争，而目前的钙钛矿物质虽然转化效率高，但不够稳定，在户外条件下很容易分解，从而失去光伏特性。另外，这种钙钛矿中的铅有污染环境的可能，这个问题目前也无法避免。同时，钙钛矿材料还没有商业化制作大面积光伏板的成功记录，这也是商业化道路上一个必须面对的挑战。不过，如果我们回想一下光伏电池刚出现时的情景，再对照光伏产业现在的规模，我们没有理由不对钙钛矿寄予厚望，相信在不久的将来它将为可再生能源的进一步高效利用起到革命性的作用。

五、未来氢能产业中的化学科技

在太阳能、风能之外,还有一种被认为极有希望的清洁能源可以替代化石能源,这就是氢能。氢气可以和氧气发生燃烧反应,产生大量的热量但不会生成二氧化碳,只会产生对环境没有任何影响的水。因为氢是可以燃烧的,这意味着它能驱动热机,而我们在序篇第五部分说过,现代文明对热机的依赖是巨大的。

1. 氢的制造

根据制氢过程排放二氧化碳的多少,很多人将氢分为灰氢、蓝氢和绿氢。一般而言,使用合成气制氢的方式(参见上篇第八部分),无论合成气的来源如何,得到的氢都被认为是灰氢,因为大量的二氧化碳会在制合成气和合成气处理的过程中被排放到大气中去。蓝氢指的是在制造过程中排放的二氧化碳被捕集后封存或利用的氢,这类制氢手段因为碳捕集技术的加持,基本可以做到不向大气中直接排放二氧化碳。绿氢则是指在制氢整个过程中都不会排放二氧化碳的氢,如使用可再生能源电力电解水制的氢。而上篇第七部分提到的使用甲烷裂解制氢，得到的氢可以被称为蓝绿氢，因为虽然整个制氢过程中不会排放温室气体，但其原料——天然气的开采和处理过程中还是会有部分的二氧化碳排放。

目前世界上绝大多数的氢都是灰氢，氢气也主要用于化工过程。对于未来的氢能源憧憬而言，迫切需要一种廉价而低碳的制氢方式，扩大氢气的产能，使得有足够廉价且低碳或零碳的氢气可以用于能源行业。

2. 氢的储存和运输

这个环节或许是整个社会氢能利用最具不确定性的一个环节。我们先了解一下氢气这个物质。氢是元素周期表上原子体积最小的元素，常温常压下也是密度最低的气体，因此氢气的储存和运输首先就要面临其密度过低、体积过大的问题。同时因为氢气分子的体积很小，在管路和阀门密封等方面也面临着不小的挑战，氢气分子甚至能从塑料容器壁上泄漏。氢气可以被压缩为液体，液氢的温度是 $-253°C$，温度极低，而且液氢的密度也不大，依然需要较大容积的容器，在运输的过程中也非常难以处理。

氢气的另外一个最大的问题是安全性挑战极大，其爆炸限范围很大，达到了 4%~75%，这意味着空气中混入一点氢气就可能引发爆炸，同时，氢气中混入一点空气也会有爆炸的风险。对比其他可燃性气体，甲烷的爆炸限是5%～15%，丁烷是1.9%～8.5%，乙炔是1.5%～100%，一氧化碳是12.5%～74%，由此可见，氢气在可燃性气体中是危险性最高的之一。但与此同时，我们也必须看到，氢气也并不是最危险的气体，如果我们能很好地处理像乙炔和一氧化碳这些几乎同等危险的气体，我们应该也有能力合适地处理氢气。

氢气还有一个性质是会腐蚀金属。长期与氢气接触的钢铁或其他金属会因为吸氢或渗氢而导致机械强度下降，这种现象被称为"氢脆"。这种现象不仅在碳钢中存在，在不锈钢、钛合金和镍合金等其他金属中也有发现，但至今也不是很清楚详细的成因，所以氢脆的问题目前也无法彻底解决，只能尽力预防。所以，氢气的运输和储存，选择材料时必须对氢脆现象有所考虑。

正因为氢气是一种难以处理的气体，因此氢的储存和运输是氢能产业中挑战较大的领域。因为液态氢的温度太低，制备时消耗的能量较大，储运时又要保证很高的绝热效果，一般仅用于比较特殊条件下；常压下氢气的密度又太小，储运占据体积过大，因此现在氢气在存储和运输上更多地采用折衷的方式，即压缩但不液化，同时尽量利用现有的危险气体的运输储存基础设施，如很多国家都在尝试使用天然气输气管将氢气和天然气混合起来运输。车辆运输氢气，虽然需要特种容器，但大型的气体运输容器的设计和制造方法依然是可以参考的。事实上包括我国在内，全球许多国家都有示范性的储氢和加氢的设施，为未来氢能可能的大规模使用积累经验。

在压缩储氢领域，化学科技也扮演了重要的角色。现在很多储氢容器采用了碳纤维加强的改性高分子材料，高强度的高分子材料（如聚酰胺66，也常被称为尼龙66）基本不存在氢脆的问题，但高分子材料的阻隔性不如金属，而氢气分子很小，容易穿透高分子材料的容器外壁。化学家们采用了在聚酰胺66中添加超细炭黑粉末的方式，封堵住氢气扩散的通道，同时使用缠绕技术来加强高分子材料容器的外壁强度。这种容器有效地解决了金属容器的氢脆问题，同时又降低了重量，是一种很有前途的储氢容器。

> 多问一句

聚酰胺6、聚酰胺66（尼龙单六、尼龙双六）是怎样的材料？

这就要说起我们平时常说的尼龙材料的历史了。"尼龙"（Nylon）事实上是个由美国杜邦公司注册的商标，这种材料在1935年由美国化学家华莱士·卡尔罗瑟发明，并由杜邦公司最早生产。这种材料是如此成功，以至于人们将之后出现的这一类被称为聚酰胺（Polyamide，PA）的材料都称为尼龙。事实上杜邦公司的尼龙只是聚酰胺材料的一种——聚酰胺66

（PA66），也被业界称为"尼龙双六"，由己二胺和己二酸缩聚而成（图2-13的左图）。因为己二胺和己二酸各有6个碳原子，所以得名聚酰胺66。

与此同时，来自德国的化学家保罗·施拉克也在进行类似的研究。在杜邦公司获得尼龙专利后，保罗·施拉克所在的IG法本公司（1925年由巴斯夫在内的数家德国化工企业组合而成的巨型公司）以另一种方法合成了类似的高分子材料，是以己内酰胺为单体，聚合而成了另一种聚酰胺材料（图2-13的右图），被称为聚酰胺6（因为己内酰胺有6个碳原子），也称为PA6，注册的商标名为"贝伦"（Perlon）。如前所述，由于杜邦公司的尼龙太过成功，同为聚酰胺的PA6也常被称为"尼龙单六"。

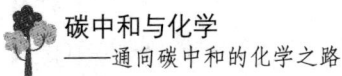

图2-13 聚酰胺66（PA66，尼龙）和聚酰胺6（PA6，贝伦）

相比PA66，PA6的耐高温性能要逊色一些，机械性能也稍低，但其生产工艺简单，成本更低，外观更美观，因此PA6更多用于日常生活领域如服装、家用电器等，而PA66因为其出色的耐高温性能和机械性能而更多被用于工业领域如汽车、重型机械等设备的承重结构件中。在储氢容器材料中，PA66优异的机械性能使它成了一种非常好的选择。

另一种储运氢气的方法是将氢气转化为危险程度较小的化合物，或结合在一些多孔材料之中，在需要的时候再将氢气通过化学反应或其他方法释放出来，这其中的一种化合物是氨（NH_3），还有金属氢化物等。选择氨是因为氨相对而言比较容易处理，具备极高的溶解度，可以溶于水后运输，同时合成氨本来就是氢气现在的一个非常重要的用途，制造和处理技术非常成熟，主要的问题是合成氨的过程需要高温高压，本身耗能不低，作为储氢介质的能量效率还是不能令人满意。氢化铝是另一种非常有希望的氢储运载体，氢化铝含有10%的氢（质量比），可储存148克/升的氢（液氢密度的两倍）。氢化铝遇水就可释放氢气并生成氢氧化铝，但目前还缺乏能将氢氧化铝还原回氢化铝的经济而有效的方法。

上述的化学储氢面临的主要挑战是找到合适的可逆反应，并确保氢化物具有较高的稳定性。这非常像本篇第一部分描述的电化学储能：在储存状态下能保持稳定，在转化时快速有效，而还原回氢化物的过程又要经济而简单。

压缩储氢的方法主要用于中距离的运输，而液态氢则因密度较大，更适合长距离运输，化学储氢技术则更多地用在交通工具的燃料电池储氢上（当然其中利用氨为载体的化学储氢方式则可以用于几乎各种情况）。氢的储运其实远比描述的要复杂，最关键的还是安全因素。因为氢是易燃易爆的气体，本身又没有颜色和气味，难以侦测，所以需要特殊的传感器来监控泄漏情况；同时又要在相关区域内保持通风和吹扫能力，一旦真的出现泄漏需要将氢气快速吹散，以免达到爆炸的浓度。氢气的密度很小，这在安全上是个不错的优势，意味着它会快速飘散到大气中而不是积聚在一个空间中，但在处理液态氢的时候，需要注意的是液态氢泄漏的初期密度（1.33千克/米^3）高于空气密度（1.29千克/米^3），会在低处聚集，之后快速扩散。气体扩散的速度和气体相对分子质量的平方根成反比，氢气作为密度最小的气体，扩散速度是最快的，要是在高3米、面积36平方米（6米×6米）的房间中打翻一瓶4.6千克的氢气，5秒钟内房间中的氢气含量就能达到75%。我们知道氧气含量低于12%就会导致人员窒息，意识逐渐消失，在上面的情况下，人员根本没有时间撤离。这就要求液态氢的处理必须在开放空间中或保持通风透气的条件，否则无色无味的液态氢泄漏后会迅速挤走空间中的氧气，导致人员窒息而出现安全事故。

总之，氢的储运问题目前还没有完全解决，各项技术都各有利弊，目前顶多停留在示范项目的阶段，除了在已经比较成熟的化工领域、航天领域和科研领域，暂时还没有大规模的商业应用。但氢的储运关系到氢能的未来应用前景，甚至可以说正是因为储运技术的不成熟造成了氢能的利用无法商业化的现实，化学工业在氢的存储和运输上的经验无疑是未来氢能发展的基础。

3. 氢的利用

氢能有着不同的利用方式，包括直接燃烧和燃料电池转化两条不同的基本路线。

氢气本身可以直接燃烧，而且燃烧的唯一产物是水，属于清洁能源。氢气燃烧的热值很高，约为154千焦/千克，是汽油的3倍左右；燃烧速度很快，氢气在氧气中的燃烧速度大约是汽油蒸汽在氧气中燃烧速度的9倍。事实上，以氢作为直接燃烧的燃料早已在航天航空领域使用了多年，美国的航天飞机、欧洲的阿丽亚娜5型火箭以及我国的长征5型重型运载火箭芯级都是使用液氢液氧发动机的，依靠直接点燃液态氢气和液态氧气的混合物而获得巨大的推力。类似的技术也曾被用于火箭飞机，帮助飞机在高空获得极高的速度。

以氢气为燃料的内燃机在1870年就被瑞士工程师研制出来，事实上比卡尔·本茨的汽油内燃机的诞生时间还早，只是后来人们发现燃油实在是太好用了，导致氢燃料内燃机的发展停滞了上百年，直到最近几十年才因为社会可持续发展的需求而重新被重视。氢内燃机相比近年来更受关注的燃料电池，虽然效率上稍低一些，但技术相对成熟，可以沿用很多内燃机的设计，造价要比燃料电池低很多。随着技术水平的提升，之前饱受诟病的机械效率也有了很大的提高。目前很多汽车厂商都有全新的氢内燃机设计，虽然受制于氢的储运技术而无法进入商业化车型的阶段，但其发展潜力依然是非常诱人的。

除了直接燃烧，氢气还可以用于掺杂燃烧，即将部分氢气与传统的燃料混合后燃烧，这样甚至可以使用现有的内燃机或锅炉，同时收到减少温室气体排放的效果。

用燃烧的方法利用氢能对碳中和有着重要的意义，这是因为几个减排难度最大的场景，虽然其全部二氧化碳排放不都是因为燃烧产生的，但基本都是需要直接燃烧产生高温的情况，如钢铁、水泥、玻璃行业，而直接燃烧氢气取代燃烧化石燃料似乎是一个颇具现实性的降低这些难减排领域排放水平的选项。与此类似，甚至在二氧化碳排放量巨大的火力发电领域，也有望以直接燃烧氢气取代燃烧化石燃料。同时，在航空和远洋海运领域，使用电池相对难度还比较大，而采用氢内燃机燃烧氢气替代燃油也是一个非常现实的选项。当然这些还需要在技术上做进一步的发展，确保燃烧的安全性和效率。

氢能的另一条利用途径就是大名鼎鼎的燃料电池了。燃料电池是能将化学能直接转化为电能的装置,它不像普通电池那样将能量物质存放在电极之中,其储能物质采用外加的方式,如氢燃料电池可以通过不断向体系中注入作为燃料的氢气而维持发电。氢燃料电池中的化学反应为:

阳极反应:$2H_2 = 4H^+ + 4e$

阴极反应:$4H^+ + 4e + O_2 = 2H_2O$

总反应:$2H_2 + O_2 = 2H_2O$

在氢燃料电池中,通过氢气和其他物质(主要是氧气)发生化学反应,直接产生电能,进而驱动电机。氢燃料电池的作用原理和本篇第一部分提到的各种电池没有什么很大的区别,只是为了确保两极的化学反应能快速地进行,需要加入合适的催化剂。实际上合适的催化剂加上对催化剂的保护,也是燃料电池技术中最具挑战的部分之一。目前采用的催化剂主要是贵金属铂或铂与其他金属(如铅、钴、镍等)的合金。铂是非常稀有且昂贵的矿产,首先就制约着燃料电池的成本;同时铂催化剂本身还很脆弱,会受到各种其他离子的影响而中毒失去催化效果,所以对燃料电池关键零件的要求非常高,比如燃料电池的端板就必须使用极低离子析出率的塑料以保护催化剂。塑料中除了聚合物分子之外,还需要很多添加剂(如抗氧剂、增塑剂、脱模剂等)来确保塑料的机械性能和加工性能，这些添加剂都有可能在电池使用过程中发生化学反应析出离子，因此用于燃料电池端板的材料就需要特殊的聚合物分子和配方。现在化学家们也在寻找非铂催化剂（如氮化镍等），目前虽然取得了一些进展，但距离实用还有相当长的距离。

由于氢燃料电池是直接将化学能转化为电能，所以相比氢内燃机，其转化效率很高，可以达到40%~60%，而且几乎没有机械振动和噪音；但其造价非常高，是内燃机的数倍，除了上面提到的端板和催化剂，其他很多部件都相当昂贵，这也使得燃料电池的商业化比较缓慢。

六、氨能中的化学科技

可能很少有人知道，氨（NH_3）也可以燃烧，燃烧的化学方程式是：

$$4NH_3 + 3O_2 = 2N_2 + 6H_2O$$

这个燃烧过程也不排放二氧化碳，产物是对环境没有影响的水和氮气，因此氨也是一种清洁燃料。考虑到合成氨工业已经有上百年的历史，是非常成熟的产业，氨的来源基本上不是一个问题。目前全球合成氨每年约有2.53亿吨的产能，其中71%用于农业，29%用于工业。之前氨并没有被用于能源行业，但随着气候保护和碳中和的推进，它可以清洁燃烧以及作为氢气安全运输载体的特点受到了重视，"氨能"作为一个全新的概念被提了出来。

氨可以直接燃烧，相比氢气，它要安全很多。我们在上一部分了解到氢气的爆炸限非常大，为4%～75%，而氨却非常温和，其爆炸限是16%～25%，这个范围远比氢气要窄。同时氨的液化温度比氢高得多，为$-33℃$，相比液氢，液氨的储运相当简单而廉价。所以，氨的燃烧和运输都相当安全，

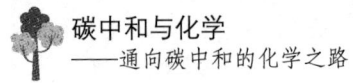

历史上,在德国就有因为柴油短缺而使用燃烧氨的方式来解决能源短缺问题的先例。

而在当代,氨更有可能被作为一种清洁燃料使用,尤其是大型的远洋货轮,其应用场景非常适合氨燃料内燃机。氨与柴油相比,其能量密度仅有柴油的一半,同时其燃烧火焰扩散速度慢,点燃温度较高,因此不大适合空间有限的小型内燃机,但船舶的大功率内燃机的空间比较宽裕,而且使用过程中也不需要频繁而快速地调整输出功率,虽然相比柴油,需要储存的液氨的体积要增加近一倍,但对于远洋船舶而言,在使用清洁燃料不排放温室气体的要求下,这个不便还是可以承受的。目前全球已经有不少氨燃料的船舶投入使用,在航运燃料领域,氨能事实上已经进入了商业化阶段。

除了直接用于内燃机,氨还可以用于掺杂燃烧,即将部分氨与煤混合在一起燃烧,以降低燃煤锅炉的二氧化碳排放,这方面的积极推动者是日本。日本国土狭小,人口众多,其境内的可再生能源资源不足,一直对燃煤的火电有着巨大的依赖性,在燃煤锅炉中掺杂氨燃烧可以大幅度降低燃煤机组的二氧化碳排放强度。除了日本,发达经济体的火电设施到2040年仍有43%在使用寿命之中,新兴经济体这个数字则是61%,全部关停这些机组的可能性很小。根据《巴黎协定》,严重依赖火电的国家需要做出相当大的努力来实现大规模的减排,掺混氨燃烧发电应该是一种可行的方式。但是氨燃烧的相关技术还没有那么成熟,燃烧时释放氮氧化物的问题也没有彻底解决。

除此之外,科学家还认为氨可以作为化学储氢的载体。因为氨的储运安全而廉价,只需要将氢气制成氨,运输到使用地点后,通过催化反应再将氢气释放出来,即可以达成氢能的合理利用。这个想法目前还停留在实验室阶段,面临的主要问题是合成氨本身的能耗较高,同时氨催化分解制氢的反应是一个吸热反应,因此需要在高温之下进行,这就进一步增加了整个过程的能源消耗,降低了效率;加上现在氨分解制氢使用的催化剂多数为昂贵的铂族金属(如钌),成本上也很难与其他储氢方式竞争。现在有些科学家已经在实验室开发出使用光催化的方式,以相对低成本的铜和铁为催化剂,在较低的温度下完成氨分解反应,如果未来能商业化,将是氨储氢工业的一块极其重要的拼图。

有预测估算,未来合成氨产能中,农业占比会逐步减少,工业占比会有所提高,用于储能的氨会在2030年后开始快速增长,到2050年达到50%占比,成为合成氨工业发展的主要推动力。

总之,氨作为燃烧能源还面临着一些挑战,虽然其性质温和、火焰扩散速度慢等在安全上是一个优势,但在很多应用场景上则成了劣势。目前氨能发展的主要问题是:第一,对氨的燃烧机理了解得不是很彻底,同时氨的热值相对较低,相比燃油，产生同样热量需要燃烧更多的氨；第二，氨燃烧的火焰扩散速度慢，点火比较困难，只能用于中、大功率的内燃机；第三，氨燃烧有可能会排放氮氧化物，这是一种污染物，其中的氧化亚氮还是温室气体；第四，目前的合成氨工艺本身的能耗不低，而且产生的二氧化碳排放量也相当高，只有使用"蓝氨"（在生产过程中实施了碳捕集的氨）或"绿氨"（整个合成氨过程都不排放温室气体）才算是消除了燃烧氨所产生的碳足迹。蓝氨目前产能有限，绿氨事实上还缺乏成熟的技术来支撑，因此氨能还需要在化工技术（如低温合成氨工艺、零碳制氢的新方法等）取得突破之后才能成为新一代的清洁燃料。

七、从空气中捕集二氧化碳

上篇第十部分曾提到过二氧化碳捕集技术。在工业环境中捕集生产中排放的二氧化碳气体无疑是工业界减少二氧化碳排放的重要途径,但必须看到的是,这种方法只能减少新增的二氧化碳,而不能对减少已经存在于大气中的二氧化碳有任何作用。也正因如此,《巴黎协定》确定的目标仅仅是控制地球的升温幅度,并不期望能改变升温的趋势,而直接从大气中捕集二氧化碳的技术却给了全世界以新的希望。

因为大气中的二氧化碳含量很低,所以从大气中选择性吸收二氧化碳并在吸收后将二氧化碳分离是空气直接捕集技术(DAC)中的核心技术,目前全球在空气直接捕集上只有为数不多的几个示范项目。世界上第一个大气直接碳捕集工厂2017年在苏黎世建成,每年捕集约900吨二氧化碳(约为200辆燃油小汽车的排放量),之后冰岛的一个名为"Orca"的项目每年可捕集4 000吨二氧化碳;而位于美国怀俄明州正在建设中的野心勃勃的"Bison"项目(图2-14),则计划在2030年达到每年捕集500万吨二氧化碳的能力,该项目旨在通过出售其负排放而产生的"碳汇"来收回投资。

图2-14 位于美国怀俄明州的"Bison"项目

空气直接捕集技术是通过工业级的风扇使得空气流过二氧化碳的吸收剂,其中的二氧化碳被选择性地吸收,之后吸收剂在一定的条件下将吸收的二氧化碳释放出来,在纯化后出售给可以利用二氧化碳的商业机构或封存起来。该技术的关键是可以吸收和释放二氧化碳的吸收剂,理想的吸收剂不仅要能高效快速地吸收二氧化碳,还要能很容易地释放吸收的二氧化碳,整个循环过程的耗能和成本都要控制在合适的范围之内。

目前主要的吸收剂是固体吸收剂,通过物理吸附的方法来捕集二氧化碳,主要的种类有活性炭、沸石、有机金属框架材料(Metal-Organic Framework,MOF)和共价有机框架材料(Covalent Organic Framework,COF)等。这类物质的特点都是多孔且具备非常大的表面积，主要针对二氧化碳相对于空气中其他成分的特殊性如分子直径、对表面的亲和性等，选择性地吸附二氧化碳，然后在真空环境下使二氧化碳从被吸附的表面脱除。之所以更多的项目选择固体的物理吸收剂，是因为物理吸附过程和脱附过程消耗的能量少，而直接从空气中捕集二氧化碳需要达到巨大的吸收量才有意义，因为其单位成本必须足够低才可能形成商业模式。固体吸收剂目前的主要问题是水分子的竞争性吸附会降低吸收剂吸附二氧化碳的效率，与此同时，还需要寻找更好的固体吸收剂。很多人寄希望于两种框架材料，其分子构成了类似框架的结构，理论上可以更有效地吸附二氧化碳。目前有机金属框架材料（MOF）在2023年首次被以商业化的规模制备（生产商是巴斯夫公司），而共价有机框架材料（COF）目前还没有进入商业化生产的报道。

> 多问一句

什么是 MOF 和 COF 材料？

MOF 和 COF 都是多孔材料，也被认为是继沸石和碳纳米管后人类掌握的又一种多孔材料。MOF 和 COF 之所以受到重视，很大程度上是因为它们在结构上很容易通过化学方法来调整，从而能按照化学家的需要形成特定的孔径和三维结构。

MOF的基础结构一般是以一个金属离子或金属簇为连接点,与有机分子以配位键结合起来的框架结构,这种基础结构通过不断重复"组装"构成了多孔的材料。MOF材料的特点是具有高度可控的孔隙结构和表面功能团,因此具有极高的比表面积和吸附能力。目前据称已经有近两万种不同的MOF材料被开发出来用于气体吸附、催化剂等用途。

一种被称为MOF-5的有机金属框架材料是以锌离子为连接中心,以对苯二甲酸为配位体的金属有机框架材料,拥有超大的比表面积,每立方厘米的MOF-5拥有2 200平方米的表面积,相当于一个方糖块大小的MOF-5有一个足球场大小的表面积。

COF则是由强共价键连接不同的有机分子构成的二维或三维结构的多孔物质,一般都由氢、硼、碳、氮、氧等较轻的元素组成,因此密度很低。和MOF材料一样,其结构具备可调节性,但因为是通过共价键结合起来的,所以其结构非常牢固,热稳定性和化学稳定性都很出色,可用于膜分离材料、气体吸附、催化剂(尤其在光催化反应领域)、电池材料和生物医药领域等。因为COF都是由有机物构成的,所以也被称为有机沸石。

化学吸收剂是另一个选择,主要是液氨或胺类溶液,如上篇第十部分所述在工业烟道气中用胺类溶液捕集二氧化碳。

该技术对二氧化碳的选择性更好，但是因为需要在加热的情况下才能释放二氧化碳，因此消耗的能量较高，成本上没有优势。

还有一类吸收剂被称为"湿度循环吸收剂"，它能在干燥的环境中吸收二氧化碳，在潮湿的环境中释放二氧化碳，主要使用特殊的离子交换树脂为吸收剂。这类吸收剂只需要调整湿度即可完成吸收剂对二氧化碳的吸附和脱附，相对于调节温度能耗要小很多，很可能是DAC技术的一个重大突破。当然该技术也面临着受天气影响较大的问题，在湿度较大的天气中，设备吸收二氧化碳的效率就会大大降低。

从空气中直接捕集二氧化碳的技术极具诱惑力，因为它提供了一种直接实施"负排放"的方式，给人的想象空间巨大。尤其是"Bison"项目使用的是模块化设计，每个吸收模块都可以放在一个集装箱大小的容器中，在开放空间进行堆叠，这样在技术验证成熟后，可以很简单地扩大产能。而怀俄明州有很多废弃的煤矿，吸收的二氧化碳如需要封存的话，可以就地利用煤矿的深井，减少二氧化碳运输成本，相比在工业烟道气中捕集的二氧化碳无法就地封存和利用，这也是一个不可忽视的经济优势。

除了在技术上需要更加成熟以获得更高的效率和更低的成本之外，直接空气碳捕集技术也受到一些诟病。一些人认为空气直接捕集技术的推广以及企业购买其碳汇以抵消自身排放的做法会使得企业缺乏动力减少自身运营过程中的碳排放，这也会拖慢技术改进的步伐，并不能促进整个社会的转型，甚至会保留过多的落后产能。不过作为一项技术，使人类在艰难的碳中和之路上多了一项选择，应该还是一个积极的因素，尤其是因为存在一些非常难以减排的领域以及数百年来积累在大气中的过量的二氧化碳，DAC技术必然会在未来拥有独特而重要的地位。

八、循环经济需要的化学科技

1. 循环经济的概念

在我们展开这个话题之前,需要细致地了解一下循环经济与碳中和的关系。如果借助新能源和化工流程的改进,化工行业自身完成了净零排放的目标,同时石油、天然气开采、加工等行业也通过类似的途径完成了净零排放,所有化石燃料中的碳都被固定在化学品和合成材料中,而不会转化为二氧化碳排放进大气,我们是不是能确定全球的碳中和也会一起达成?答案显然没有那么简单,因为工业生产的大量产品最终在寿命终点会被废弃,而这些废弃产品的处理,无论是焚烧还是填埋,都会产生温室气体排放。无论我们如何在生产领域采用新的技术和手段减少二氧化碳的排放,最终人类所有废弃物的处理都会是碳中和之路上的最后一座大山。现在科学家提出的方案就是循环经济,让废弃物作为原料重新回到生产过程中或以无污染的方式回到自然界,而不会因处理而产生新的温室气体排放。

循环经济是一个相当大的概念，也不像其字面上说的那么简单，即不是任何东西都可以循环起来。以当代的科技水平，找到零碳排放或低碳排放的处理废弃物的方法也并不轻松。因此，循环经济首先需要一个清醒的定位，同时充分利用现有的技术，以形成一种相对有效而清洁的处理或减少废弃物的体系。如果做个简单的总结，目前我们对废弃物的处理，大致分为5种不同的方式。最简单的方式是丢弃，事实上人类在过去很长一段时间里都是采取丢弃的方式处理废弃物，这造成了对全世界包括人类自己的生存环境的巨大污染，尤其是在工业革命之后，大量的废弃物污染土地、河流和空气甚至地下水，直到20世纪中后期人类才意识到这么做的巨大危害，在保护环境上达成了重要的共识，使得随意丢弃的行为不再被接受。第二种方式是填埋，这种方式虽然比丢弃对环境造成的影响稍小，但首先是不可持续，即便拥有广袤土地的国家，也不可能无休止地填埋大量人口产生的巨量废弃物，同时填埋会改变土地用途，从而降低地球生态系统吸收二氧化碳的能力，面对气候保护的压力，显然对废弃物的填埋处理方法是不被推荐的，但遗憾的是，填埋目前仍是我们处理固体废弃物的一种非常重要的方式。第三种方式是焚烧，焚烧的好处是固体残余物比较少，降低了填埋的压力，同时焚烧产生的热量还可以用于供暖和发电，所以焚烧曾经被认为是一种非常好的方式，但焚烧会产生大量二氧化碳气体的直接排放，在碳中和与气候保护的趋势下，选择这种方法将面临巨大的压力。第四种方式是回收利用，这种方式在生活中很常见，比如回收废旧报纸和包装用的纸箱等，但并不适合所有的废弃物，如果废弃物回收成本过高或回收后的材料价值不高，都会在商业上无以为继。第五种方式是经过处理后再排放，更多地用于工业废气以及生活、工业废水，主要目的是避免有毒有害物质随着空气或水流扩散，但工业废气中有大量的二氧化碳，需要使用额外的二氧化碳捕集技术处理（参见上篇第十部分）；固体废弃物也可以使用这种方法处理后实施填埋和利用，最常见的是将经过处理的矿渣用作建筑或修路的材料。

面对废弃物处理的现状，发展循环经济的意义就变得非常重大，这不仅是碳中和与气候保护的需求，更关乎人类需要解决的可持续发展问题。基于我们现在可以预测的科技水平，促进循环经济大致可以走4条不同的路线：①让废弃物回到生产过程中去，重新被加工成新的产品。②让废弃物经过处理后，以无害的方式回到自然界中。③对于无法用以上两种方式处理的物品，则尽量延长其使用寿命，一方面减少处理寿命终点的废弃物而可能产生的温室气体，另一方面减少新的资源消耗和由此产生的新的温室气体排放。④还有一条道路是更多使用生物质的材料，生物质材料虽然并不能减少废弃物处理产生的温室气体，但因为它来源于生物，生物在成长的过程中已经将大气中的二氧化碳固定在自己体内，因此使用生物质材料的成品即使废弃后焚烧，也会被认为只是将生物吸收的二氧化碳重新释放回大气中，总体生命周期可以简单地被认为是碳中和的。其实生物燃油也是用了相近的概念，虽然生物燃油燃烧释放了温室气体，但因为生物在成长过程中固定了大致相同数量的二氧化碳，所以使用生物燃油也被认为是接近零碳排放的过程。

2. 金属和塑料的回收利用

对于能够回到生产过程的物质，需要做好回收工作，重新利用，比如各种金属。以铜为例，目前据估计历史上所有被开采的铜有80%以上依然在被使用，但由于人类对铜的需求量不断上升，因此还是需要不断开采新的铜矿以满足需求。要回到生产过程中，系统性的回收与处理工作不可或缺，这需要一定的成本，如果回收成本高于新原材料的成本，就很难形成可持续的商业模式，因此唯有高价值的材料或回收成本低的材料才比较容易适应这种模式。回收是整个环节中最具挑战的环节，因为材料在制成品中是与其他材料混合在一起的，回收不仅是简单的收集，还要将材料从被使用过的成品中分离出来，这个难度远超将不同的材料组合成全新的成品，也是不可避免的，产生的额外成本将会影响整个循环经济的顺畅实施。铜的回收利用率之所以很高，与铜本身的价值较高以及铜的用途非常广泛的特征有很大的关系。

将废弃物完全重新带回到生产过程中,毫无疑问是循环经济最理想的目标,这样就能形成真正的闭环,将人类对地球上的自然资源的依赖降到最低,对地球环境的影响也得以最小化。目前对于经济上比较有价值的材料,如有色金属,从铝、铜到更加贵重的铅、镍、钴、锡、锂直到最贵重的金、银、铂、铼、铑、钯、铌等,都能完全回收后再度使用。促使金属材料被回收利用的因素,除了价值较高之外,分离和再加工流程简单也是主要原因之一。一般金属的熔点高,加热到一定温度后,就很容易被分离出来,即使是合金,也可以利用不同金属熔点不同将不同的金属分离出来,而且金属加热融化后其基本性质并不发生根本性的变化,再度使用基本不会影响制成品的品质。因此,除了有色金属,即便是较为廉价的钢铁,也被大量地回收利用,2017年全球废钢铁的交易量达到了6亿吨(当年全球铁矿石产量约为20亿吨,总钢铁产量约为17.5亿吨)。

相比能完全回收使用的金属,另一种重要的材料——塑料,它的情况就要复杂很多了。塑料分为热塑性和热固性两种,前者在加热后会变软,可塑性提高,便于加工,废弃后还可以通过加热融化再次加工成型;而后者只能在加工时加热一次,加热后通过交联反应硬化成型,再加热不会回到融化状态,也就无法再加工。热塑性塑料可以回收并融化后重新加工，而热固性塑料目前则无法回收再利用，如果不能焚烧处理就只能填埋。热固性塑料占塑料总量的15%左右，随着碳中和的推进，对其废弃物处理技术的需求会变得越来越急迫。即便是热塑性塑料，因为回收后的塑料通常已经被染色或本身有老化、水解等现象，再加工成型后其材料性能也会下降，可能无法用于原来的用途，例如，最初食品接触级的塑料或许只能用于非食品接触用途，服装类的塑料只能用于地毯等。还有很多塑料是和其他材料复合而成的，如很多塑料中添加了玻璃纤维、矿粉等实施了改性，由于杂质较多，这样的塑料即便是热塑性的，也很难加热后重新利用。

塑料本身难以在自然界降解，如果不焚烧转化为二氧化碳和水，即便填埋也能保持上百年甚至上千年不被降解，这样的不断积累会对环境造成越来越大的压力。虽然向海洋中丢弃塑料垃圾对环境破坏非常严重，但也反映了人类对塑料废弃物处理的无力感，使本应在陆地上妥善处理的垃圾被丢弃在海洋之中。因此，现在塑料废弃物处理是科学界和化工行业的一个非常热门的研究课题。

现在主流的塑料回收方式是将不同种的热塑性塑料分拣出来后再加以利用，这种方法被称为物理回收法。虽然这种方法如前所述并不完美，但在科学家找到合适的方法之前，恐怕会是塑料回收的主要方法。在物理回收的基础上，目前有一些科学家和企业开发出了化学回收法，就是先将塑料废弃物适当地分拣（图2-15），然后用裂解的方式将塑料中长链的高分子断开成为短链的烃类，随着相对分子质量的减少，产物会转化为类似石脑油的液体，被称为裂解油，将裂解油和石脑油混合重新注入蒸汽裂解装置，就可以获得全新的化学品。这个过程一般分为两步，第一步是热裂解，主要依靠高温来打断高分子的长链；第二步为催化裂解，是在第一步的基础上，使用催化剂在较低的温度下进一步裂解长链，以防出现反应温度过高导致的结焦现象。整个过程所需的能量均可使用可再生能源电力，以消除二氧化碳的排放。

图2-15 分拣打包后的塑料废弃物是生产裂解油的原料
（图片来源：巴斯夫公司官网 www.basf.com）

因为塑料废弃物的成分比较复杂，很多塑料添加剂成分都混在塑料聚合物之中，因此裂解油的品质也不如石脑油稳定,所以完全使用裂解油为原料生产全新的化学品在品质和工艺条件控制上的挑战还是很大的。目前科学家们使用一种称为"质量平衡法"的方式,来最大限度地发挥化学循环的效能。简单地说,就是将裂解油和石脑油以一定比例混合,再用于全新化学品的生产,这样在化学循环技术达到完美之前,我们可以通过减少使用石脑油来减少石油精炼而产生的二氧化碳排放。

塑料废弃物裂解的过程听上去很简单,实际上颇为复杂。裂解的对象主要是链状的高分子结构,而有些塑料中不全是链状的分子,还有环状的结构,尤其是苯环,其成环的化学键非常稳定,难以被破坏,所以目前的技术无法很好地处理这类塑料,需要事先分拣出来。与此同时,塑料中还会存在一些杂原子,如卤素原子氯、溴,还可能含有硫、磷、氮等,这些杂原子会在裂化过程中使催化剂中毒而失去催化活性,因此在设计工艺时,还需要将这些杂原子在通过催化剂之前分离出来,以保护催化剂。

3. 纸的回收利用

除了金属和塑料,纸也是一种可以循环使用的材料。纸的主要原料来自于生物界,属于生物质材料,由于其中的碳本身就是森林吸收的大气中的二氧化碳,因此造纸本身的碳排放量不是很高,但因为纸的制造需要砍伐可以吸收二氧化碳的森林，从而减少森林碳汇，因此，利用废纸来生产新的纸浆，可以通过减少木材使用和废纸焚烧而大幅度降低全社会的二氧化碳排放。

纸张的回收和利用已经有多年的历史，也是非常成熟的产业。收集的废纸中，有很多油墨、食物残渣以及纸张本身的涂层和添加剂等，都可以在重新制浆的过程中通过重力、过滤、溶解等方法将它们和纸张中的纤维分离开，继而获得品质较高的回收纸浆，既可以直接用于造纸，也可以和原生纸浆以一定比例混合后造纸，这样都可以减少原生纸浆的使用。原生纸浆来源于森林等可以吸收二氧化碳的自然资源，减少原生纸浆的使用就是对温室气体的减排。目前造纸行业主要使用的是速生林，因生长速度快，吸收固定二氧化碳的能力也更强。据统计，每棵树一年可以吸收约25千克二氧化碳，也就是说，如果少砍伐一棵正常生长的树木，就能每年多固定25千克的二氧化碳。

虽然纸张的回收在生活中司空见惯，但事实上并不是所有的废纸都可以被用于制浆，有生活经验的人可能知道，报纸和纸箱似乎更受回收机构和个人的青睐，而纸杯、纸碗等纸制品则无人问津。这是因为报纸和纸箱除了印刷油墨之外，基本没有其他成分，可以直接投入废纸制浆的设备，循环使用制造纸浆来生产新的纸张和纸制品，只有少量的固体废物产生；而纸杯、纸碗等一次性纸制品则为了防水，在其内部涂敷了一层聚乙烯的塑料薄膜，在行业中被称为"淋膜"，聚乙烯淋膜的密度和造纸纤维的密度几乎相等，在制浆的过程中无法和纤维分离，因此带有淋膜的纸杯和纸碗都无法被回收用于制浆循环使用，只能使用填埋和焚烧的方式处理，这又增加了二氧化碳的排放。而纸杯和纸碗的纸品质往往是最高的（这类食品接触级纸的纸浆几乎全部都使用优质的木浆，使用更少的添加剂，甚至纸杯印刷的油墨也基本都是水性油墨），这种高品质的资源无法回收是一种巨大的浪费。

改进淋膜纸张（除了纸杯、纸碗，还有一些其他的一次性纸制品包括一些包装用纸使用了聚乙烯淋膜），使之可以和其他纸张一样能直接使用现有废纸回收制浆设备重新制成纸浆回收利用，就可以得到非常好的经济和社会效益。化学家们已经开发了新的纸杯涂层用于替代聚乙烯淋膜达成防水的功能，并能使用现有的废纸回收设备回收制浆，这就是聚丙烯酸水性涂层。

聚丙烯酸是一种重要的化工原料，是由丙烯酸聚合而成的不同相对分子质量的一类聚合物的统称。根据相对分子质量的不同，聚丙烯酸的化学和物理性质表现出不同的特征，因此聚丙烯酸材料可以用于很多不同的行业，如利用聚丙烯酸容易固化的性能，可以用于制造各种黏结剂；而某些相对分子质量的聚丙烯酸的成膜性很好，适合用于涂料和油墨，其中最重要的是，因为聚丙烯酸可以很好地与水乳化，形成稳定均相的乳液，所以它可以用于各种水性的涂料和油墨的配方。事实上聚丙烯酸用于纸张涂层已经有多年的历史，多数的卡纸和铜版纸都使用了聚丙烯酸为主的涂层——在造纸行业被称为胶乳，主要用于改善纸张的一些性能，如提升纸张的表面光洁度、保持纸张的强度、提高油墨的附着力等。现有的废纸回收制浆设备都能很好地处理纸张中的胶乳，而胶乳的主要成分就是聚丙烯酸树脂，所以如果使用聚丙烯酸树脂替代聚乙烯淋膜作为纸杯的内涂层，纸杯的回收利用就可以简单地使用现有设备完成。这只需要通过改进聚丙烯酸树脂的配方，使得聚丙烯酸的涂层可以防水以及在高温或高频微波下保持密封即可。使用带有这种涂层的纸张制造的纸杯或其他一次性纸制品就可以被回收制浆，并循环利用到其他的纸制品中去（食品接触级纸制品不能使用回收废纸制浆来制造）。

聚丙烯酸技术的门槛并不是很高，而且有着多年在造纸行业的使用历史；另外，相对于聚乙烯淋膜纸杯，聚丙烯酸水性涂层纸杯的成本仅有很少的提高，很容易被消费者消化。所以，作为一项促进循环经济的技术，聚丙烯酸技术的推广难度相对较低，非常适合在城市中推广。这项技术额外的好处是，聚丙烯酸涂层的纸杯即使被丢弃也能很快降解，虽然聚丙烯酸的降解周期稍长，但并不会妨碍纸杯的降解，对自然界造成的影响也会被减至最低。

九、农业减排中的化学科技

农业是人类赖以生存的最基础的产业，为全世界的人口提供着至关重要的食物，人类在食品相关的行业上排放了全球约 1/4 的温室气体。农业的主要碳排放来源于畜牧与养殖（31%）、作物保护（27%）以及土地使用（24%），相对而言最近几年颇受重视的供应链排放（18%）反倒不是最关键的因素。人们更多地将注意力集中在供应链上可能是因为除此之外，在现有技术条件下，其他领域减排似乎都不可避免地会导致食品供应的下降，而食品供应的下降非常可能导致人道主义危机或社会动乱。

1. 控制反刍动物产生的温室气体

畜牧和养殖业是食品相关排放最大的一个来源，主要原因是反刍动物消化食物时，半消化的食物在其瘤胃中停留时间很长，其中缺氧的环境会导致部分食物在一些甲烷菌的作用下发酵产生甲烷气体，最后通过打嗝和放屁排出体外。甲烷是一种温室气体，在 100 年内导致地球升温的潜力为二氧化碳的25倍以上（最新数据为28倍），而畜牧业中，奶牛、肉牛、绵羊等重要品种均是反刍动物，它们不仅为人类提供肉类，还提供牛乳和羊毛等产品，因此短期内我们无法通过限制牲畜的数量来达成减排。

根据研究，反刍动物的瘤胃中产生甲烷的机制不止一种，主要来源于甲烷菌对二氧化碳的还原，使得二氧化碳和氢气反应生成甲烷，反应式为：$CO_2 + 4H_2 =\!=\!= CH_4 + 2H_2O$。反刍动物的食物中有大量难以消化的粗纤维，为了加快进食速度，反刍动物不会先反复咀嚼，而是先大量进食，将这些食物快速咀嚼后先存放在胃中，之后再通过反刍将这些存放的食物送回口中继续咀嚼。这会导致食物在瘤胃中的停留时间大大延长，瘤胃中的环境缺乏氧气，部分食物在其中发酵，产生甲烷等气体。因此，调整降低饲料中的粗纤维比例被认为是一种减少碳排放的方式，事实也证明使用更多精饲料而减少粗饲料，比如使用更多的谷物替代干草，的确能达到20%左右的减排效果，只是这种方法的成本相当高。

甲烷的产生对牲畜并无益处且耗费营养与能量，很多科学家认为代谢生成甲烷是为了降低瘤胃中氢气的分压，从而确保碳水化合物更多地转化为可挥发的脂肪酸（主要是乙酸、丙酸、丁酸和戊酸，这些可挥发脂肪酸是牲畜体内能量的主要来源），如果氢气的分压过高，会导致乙酸和丁酸的转化率下降（相对而言，丙酸和戊酸的转化没那么受氢气分压的影响)。因此,现在很多科学家都在尝试向反刍动物喂食一定量的脂肪酸(主要是植物油),以减少动物降低胃中氢气分压的需求,这种方法也被证明有一定效果(10%~20%的减排效果),但依然面临成本较高的问题。

除了上述两种方法,第三种方法就是使用甲烷菌抑制剂。很多科学家发现硝酸盐能抑制瘤胃中的甲烷菌群,实验证明硝酸盐确实有效,但硝酸盐有转化为亚硝酸盐的风险,在食品中使用难以被接受。有些公司研制了复合型的抑制剂,但是向饲料中添加抑制菌群的成分很容易和抗生素联系在一起,对人体健康的长期影响难以预估,还很难被食品安全标准和消费者所接受。

2. 控制化肥分解产生的温室气体

我们知道,植物的生长和土壤中微生物的代谢都会产生一定量的二氧化碳,但不为多数人所知的是,很多肥料包括人畜排泄物和化肥也会在土壤中通过化学反应转化为二氧化碳或其他温室气体(如一氧化二氮)。土壤中有一种酶称为脲酶(urease),是一种催化尿素分解的酶,它广泛存在于土壤、植物、动物和微生物中。在尿素分解过程中,脲酶将尿素水解成氨和碳酸;碳酸是不稳定的,会迅速分解成水和二氧化碳。

在这个过程中,部分氨会与土壤中的水和其他成分反应,以铵根离子的状态留在土壤中,与土壤中其他形式的氮转化成的铵根离子一起,在亚硝化反应和硝化反应的作用下,被转化为亚硝酸盐和硝酸盐。

无论是亚硝酸盐还是硝酸盐,都有可能继续反应,生成一种重要的温室气体——一氧化二氮(氧化亚氮,NO_2)。一氧化二氮气体非常稳定,一旦生成就不大会与土壤中其他成分继续反应,而是直接散逸到大气中,形成新的温室气体排放。

在实际的情况下,土壤中除了尿素之外,还可能有其他形式的氮肥,而且很多化学反应同时在进行,一氧化二氮也不是唯一的产物(氨气、氮气、二氧化碳和其他的氮氧化物都可能产生)。虽然产生的一氧化二氮的总量不是非常大,但由于其温室效应强度是二氧化碳的近300倍,考虑到氮肥在农业中的巨大使用量,由此导致的温室气体排放不可小觑。

同时,脲酶的存在不仅会导致农业生产中更多的温室气体排放,还会消耗肥料的肥力(含氮的氨气会散失到空气中而不能被植物所吸收,而且氨气和氮氧化物也都是大气污染物),从而导致更多化肥的施用。为了减少一氧化二氮的产生,化学家们开发了一种被称为脲酶抑制剂的成分,包覆在尿素颗粒之外,施用在土地中,就可以减少尿素的损失和相关温室气体的排放。目前主要的商业化产品是正丁基硫代磷酸三胺和正丙基硫代磷酸三胺(图2-16),成品中两种成分混合复配,可以提高与脲酶的活性位点结合的概率,更有效地抑制脲酶对尿素水解反应的催化效应。

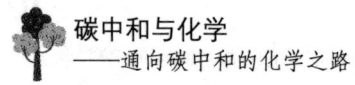

正丁基或正丙基

图2-16 脲酶抑制剂（正丁基硫代磷酸三胺或正丙基硫代磷酸三胺）的结构式

脲酶抑制剂不仅对化肥有效，对以人畜排泄物为主的农家肥也有效，在施用技术上经过适当改进后，对畜牧业中牲畜排泄物的管理也有所助益。全球每年施用尿素多达数百万吨，加上畜牧业产生的排泄物，数量巨大的尿素被脲酶分解而产生的温室气体虽然现在还缺乏准确的数据，但考虑到全球耕地的巨大面积和畜牧业的巨大规模，由此产生的排放量肯定不会是一个很小的数字，因此脲酶抑制剂的使用还是具备相当大的现实意义的。

需要注意的是，脲酶抑制剂也不能肆意使用，一来其本身的制造过程也有一定的二氧化碳排放，二来土壤中脲酶抑制剂过多会破坏土壤中菌群生态的平衡。

3. 能减少农用化学品施用的转基因技术

转基因技术是一项先进的农业技术，虽然它的开发、使用和安全监管引起了一些争议，但不可否认其巨大的潜力。

现在的化学家和生物学家可以通过转基因的方式，使得一些作物具备抵抗某些有害生物（如害虫）的性状，这样就可以减少农药的使用，从而减少因生产、运输和使用农药产生的农业二氧化碳排放，一个典型的例子就是抗棉铃虫的转基因棉花。棉铃虫是棉花的天敌，能导致棉花大幅度减产，以前为了消灭棉铃虫必须大规模使用杀虫剂，不仅效果一般，而且很容易造成污染和中毒事故。科学家们发现苏云金芽孢杆菌的代谢过程中能产生一种 Bt 杀虫蛋白，它对多种害虫具有毒杀作用，作为生物农药广泛使用在蔬菜、瓜果等作物上。将苏云金芽孢杆菌的 Bt 基因导入棉花植株的细胞中后，棉株体内也能合成 Bt 杀虫蛋白，这样就不再需要大规模使用杀虫剂来控制棉铃虫了，由此产生的环境效益和温室气体减排效果都非常明显。

另一种用量很大的农用化学品是除草剂。田地中的杂草会严重影响作物的生长，据过去一些年份的统计，我国约有 15 亿亩耕地，每年遭受严重草害的有 3 亿亩以上。由于草害，全国平均每年减产粮食 1 700 多万吨，棉花 25 万吨，除草耗费的劳动力为 50 亿～60 亿劳动工日。除农田杂草是农业中非常困难的工作，除了除草剂，其他方式都效率低、成本高。即便使用除草剂，也面临两个问题：一是杂草种类繁多，很多时候需要多种除草剂共同使用，导致除草剂的用量上升；二是虽然科学家近年来开发了一些非选择性的除草剂（如草

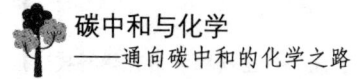

甘膦和草铵膦），可以抑制多种杂草，但这类除草剂也更有可能会同时抑制作物本身的生长，尤其是部分田间杂草因为和作物在完全相同的环境中生长，其种类、性状甚至外形都和作物相当接近，要使除草剂只除草而不影响作物就更不容易，这就使得除草工作变得难上加难。

如果将抗除草剂的基因（很可能来自其他科属的植物甚至可能来自微生物）转入到作物的植株中，作物就具备了抵抗除草剂的能力，而田间杂草，即便是作物的近亲，也无法具备这种外源基因带来的能力，因此就能使用单一种类的除草剂而不会影响作物的生长。这样通过转基因技术，就可以使用更少量的除草剂，进一步减少了相关二氧化碳的排放。

以常见的非选择性除草剂草甘膦为例，草甘膦是一种含磷的有机磷除草剂，能阻断植物体内芳香族氨基酸的合成，从而导致植物死亡，可以预防和控制一年生和多年生杂草。它通常作为茎叶喷雾剂使用，也可以作为土壤处理剂。由于草甘膦的出色除草能力，加上其相对较低的成本，使得很多农民愿意使用"草甘膦＋抗草甘膦转基因种子"的组合，以达成同样的收益下农用化学品使用量最小的效果。

多问一句

基因到底是怎么"转"到作物中去的？

遗传基因的信息存在于作物染色体 DNA 的碱基对的序列

之中，不同的碱基对序列对应着不同性状。要发展转基因技术，首先要知道不同生物体的碱基对的排列顺序，这个过程称为"测序"；与此同时，还需要了解每一段序列分别对应植物的哪一种性状，这个过程可以称为"破译"。这两项工作都需要长期的实验和观察的积累，是生物遗传工程的基础。只有了解了不同的序列能表现什么样的性状，科学家才有可能系统性地改进作物的基因。需要注意的是，并不是所有的序列都对应不同的性状，在基因组中，科学家们发现了很多序列片段不表达任何性状，但却有着独特的功能，如帮助受损的DNA修复等，另外一些序列片段被一些因素"干扰"而无法表达，还有很多的序列片段现在还不了解其作用。

在对基因深入了解之前，其实人类已经使用杂交和突变技术来改良农作物甚至动物的基因了。杂交很好理解，突变则是用一些特别的方法如辐射或化学药剂来引发农作物的基因突变，希望找到具备某些性状的植株。只是杂交和突变对基因的改变都是随机的，科学家只能在成千上万的样本中进行筛选，并不能系统性地对基因进行改良。

随着科学家对基因了解的深入，一种细菌对抗噬菌体的机制引起了科学家的注意。噬菌体是一种比细菌小得多的生物，能侵入细菌并将其遗传物质留在细菌的细胞中，利用细菌细胞中的物质复制其DNA并繁殖自身。细菌也逐步进化出了对抗噬菌体入侵的机制，1970年一种被称为限制性内切酶的物质被发现可以在特定的位置像剪刀一样切割DNA，细菌使用这种机制来对抗噬菌体的攻击，限制性内切酶也被称为"基因剪刀"。限制性内切酶的切割位点主要是一类被称为"回文"的DNA序列片段，这种片段有点类似于文章自然段开头的空格，用于分隔生物性状对应的不同基因序列，细菌通过这样的切割机制来破坏噬菌体注入自己体内的基因。另一种在1967年被发现的酶——DNA连接酶则可以将断裂的DNA连接起来（可以形象地称之为"基因胶水"），于是科学家利用这两种酶的剪切-黏结机制来编辑动植物的基因序列：将染色体剪断后插入某个基因序列再黏结起来形成新的染色体，使细胞具备插入基因所表达的性状。

即便是植物的基因序列也很长，如水稻有4.3亿个碱基对，小麦则有超过17亿个碱基对，要准确地用上述方法将需要的基因序列片段插入到合适的位置是一项难度极高的工作。在20世纪70年代，科学家发现一种特殊的细菌天生具备在不同物种间传递基因的能力，这就是农杆菌。农杆菌是一类土壤细菌，科学家观察到，它能通过植物的伤口进入植物细胞内，并将自身携带的一种被称为转移DNA（T-DNA）的基因序列转移到植物的染色体上而影响植物的生长（主要是导致部分细胞过度生长形成肿瘤）。科学家只需要将农杆菌中的T-DNA序列敲除，换成需要插入作物的外源基因序列，就可以利用农杆菌的感染对作物进行基因改造。这种方法特别适合双子叶植物如马铃薯、番茄和烟草，而对于小麦和玉米等作物，农杆菌的感染成功率较低。

于是科学家们又在1987年引入了"基因枪"技术：将DNA绑定到微小的金或钨颗粒上，然后在高压下射入植物组织或单个植物细胞，高速颗粒穿透细胞壁和膜后，DNA从金属颗粒分离出来，并被整合到细胞核内的植物DNA中。这种方法已成功应用于许多栽培作物，特别是单子叶植物如小麦、玉米，但有可能对细胞组织造成比较大的损坏。

当植物组织不包含细胞壁时，还可以使用电穿孔技术。在这种技术中，DNA通过由电脉冲暂时产生的微型孔道进入植物细胞。这种方法可以减少对细胞组织的伤害。当然还可以采用"微注射"的方式直接将外源DNA序列注射到细胞之中。

无论使用以上哪种方式，因为植物的基因序列中有很多可以切割的回文序列位点，所以都是在多个可能的位置随机插入，插入错误位置导致失败都是大概率事件，还需要科学家将转入外源基因的细胞培养成植株，并进行大规模的筛选和测序，保留成功的部分用于育种。

最近几年，一种被称为CRISPR-Cas9的基因编辑技术又出现在大众的视野中，其发明者詹妮弗·杜德纳和马纽埃尔·卡彭蒂耶赢得了2020年诺贝尔化学奖。这项技术引入了一种被称为导向RNA（guide-RNA）的遗传物质，具体机制比较复杂，其效果就是能对 DNA 的切割位点更进一步精确定位，而不像之前的方法，内切酶只能在基因序列上所有的回文序列位点中随机切割。这样的方法育种效率更高，性状更加稳定，还能同时进行多个外源基因的引入（过去的方法一次只能引入一个基因序列）。在精确切割的基础上，科学家又采取了两种不同的编辑方式。一种方式就是简单地将需要转入的基因片段直接插入到剪切位置的两端，这种方式被称为非同源末端连接（NHEJ）。这种方式的优势是简单易行，缺点是容易失败或"脱靶"。另一种方式比较考究，会在外源 DNA 序列的两端连接上一段该位点两端原本的基因片段（被形象地称为"同源臂"）后再插入，这种方式被称为同源定向修复（HDR）。这种方式相比非同源末端连接虽然复杂了不少，但准确性更高，失败率更低，正逐步成为基因编辑的主流方法。

需要注意的是，草甘膦的使用目前导致一些杂草产生了抗药性，同时草甘膦也被发现对水体等有一定的环境风险，所以欧盟一直试图限制草甘膦的使用。只是除草的确是一项极其困难的工作，无法机械化，即便使用人力，也必须事先受过训练才能有效工作，对于大田作物这几乎是不可能的，因此，限制草甘膦使用的相关规定的出台一拖再拖，至今草甘膦还是最重要的除草剂。目前农业科学家们又研制出一些可能替代草甘膦的除草剂，如草铵膦，它是一种天然存在的氨基酸衍生物，其作用机理与草甘膦相似，但被认为对非靶标植物的毒性较低，同时可能因为其使用时间较短，使用范围也较小，目前关于杂草产生抗药性的报道也比较少，被认为是一种较为环保的除草剂。但是杂草对除草剂产生抗药性是很难避免的，所以现代农业采取在不同年份交替使用不同除草剂的做法来降低杂草产生抗药性的可能，这同时也意味着需要配合使用抗不同除草剂的作物种子。

转基因技术虽然是一种先进的农业科技，但各国对其风险还是有所考虑的。除了在实验室基因编辑过程中可能造成的生物安全问题之外，还比较担心转基因作物通过自然杂交（如蜜蜂授粉）的方式将其外源基因传播给其他的生物（如将抗除草剂基因通过授粉方式传播给亲缘较近的杂草），有破坏自然界生物多样性的风险，这也是转基因技术目前的主要争议所在。同时，各国也担心部分掌握相关科技的企业垄断种子和技术，影响粮食供应安全，所以虽然全球不断有新批准的转基因作物上市，但对于小麦、水稻等关系到战略安全的主粮作物，几乎所有的国家依然持谨慎态度。

4. 减少水稻种植过程中产生的温室气体

水稻是一种温室气体排放量较高的农产品，主要原因是水稻的培育环境长时间处于淹水灌溉的状态下，水底污泥中的微生物因为无法接触氧气，只能进行厌氧代谢，其代谢产物中就有甲烷气体。考虑到甲烷气体的温室效应强度约为二氧化碳气体的30倍，加上水稻在我国巨大的种植面积，水稻种植产生的温室气体不容忽视。

在水稻种植过程中，也会有少量二氧化碳和一氧化二氮的直接排放，但甲烷是主要部分。据测算，各种直接排放的温室气体约占总排放量的70%，剩余30%属于间接排放，主要是由施用的氮、磷、钾肥和其他农用化学品导致的（其中最多的还是肥料导致的排放，占间接排放量的33%～49%）。因此，控制稻田的甲烷排放就是重中之重。

从甲烷产生的机理来看，控制甲烷排放只需要改善水稻根际的通气情况即可，而且水稻生长并不需要始终保持水淹灌溉的状况，除了在稻穗形成期间对水的需求较大之外，其他时间只需要保持浅水或湿润即可，在种植技术上也一直有"间歇烤田"的操作。通过对稻田的水管理，在水稻对水需求不高的时候采用间歇灌溉的方式，同时保证水稻在需水量大时的稻田水位，就能在不减产的情况下减少水稻的温室气体排放。据测算，优化的水管理可以减少30%～60%的甲烷排放，而且还减少了灌溉的用水量。

这看似是一个很完美的解决方案，但稻田是一个复杂的生态系统，灌溉方式的改变会带来新的问题：淹没灌溉的情况下稻田中的杂草很难生长，但间歇晒田时，就很容易产生杂草的问题，就必须配合使用除草剂。前面讲过，多数除草剂属于非选择性除草剂，在稻田中使用除草剂处理杂草，就需要水稻具备抗除草剂的性状。

前面也讲过，除草剂长期连续使用，杂草容易形成抗药性，所以需要交替使用不同的除草剂。为了达成这样的效果，就必须有两种抗不同类型除草剂的水稻种子，分别配合不同的除草剂使用。这两种种子隔年或隔季种植，相对应的除草剂也隔年或隔季施用，这样就能通过一段时间的间歇烤田和其他水管理措施来减少水稻生长过程中的甲烷气体排放，与此同时，又解决了水量少时稻田中容易滋生杂草的问题。只是由于各国政策的限制，这两种水稻种子必须使用非转基因的育种方式来获得。

目前，很多研究机构和公司都在尝试使用这样的方式来减少水稻生长过程中产生的温室气体。其中巴斯夫公司计划与合作伙伴推出的一整套解决方案相对目前其他的方案而言比较全面，这个方案包括两种抗不同类型除草剂的水稻种子和配套的除草剂，分别命名为 Clearfield® 系统和 Provisia™ 系统。这两个系统对应两种不同除草机理的除草剂，分别抑制两种不同的酶——ALS 和 ACCase，这两种酶对杂草的新陈代谢非常关键，抑制其中任何一种都会导致杂草因无法合成对生长至关重要的物质而衰败或死亡。据悉，Clearfield® 系统的水稻种子是通过传统育种技术获得的，而 Provisia™ 系统的水

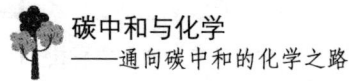

稻种子则是通过化学诱导的方式获得的，两种方法都没有使用转基因技术，在安全性上有着很高的保障。使用这两型种子，配合相应的除草剂，就可以在充分使用稻田水管理技术降低稻田甲烷排放的同时无须担心杂草的问题，而两型种子的间隔栽种，配合两型除草剂的交替使用，也会使杂草产生抗除草剂性状的可能性降到很低的水平。

> 多问一句

ALS 和 ACCase 是什么酶？对于杂草生长有什么重要作用？

ALS（Acetolactate Synthase）是乙酰乳酸合成酶，也被称为分支酸合成酶，是一种在植物体内参与支链氨基酸（亮氨酸、异亮氨酸和缬氨酸）合成的关键酶。ALS 抑制剂是一类除草剂，它们通过抑制这种酶的活性来阻止这些氨基酸的合成，从而导致植物生长受阻并最终死亡。

ACCase（Acetyl-CoA Carboxylase）是乙酰辅酶 A 羧化酶，是脂肪酸合成途径中的一个关键调节酶，负责将乙酰辅酶 A 转化为丙酮酸，这是脂肪酸合成的第一步。ACCase 抑制剂是另一类除草剂，它们通过抑制 ACCase 的活性来阻止脂肪酸的合成，进而影响植物的膜结构和能量平衡，导致植物无法正常生长。

这两种酶都是除草剂作用的靶标，通过抑制它们的活性，可以有效地控制杂草的生长。

从水稻的减排方案可以看出，农业相关的减排从农业对人类生存的重要性和生态系统的复杂性两个方面而言，推进上都必须小心谨慎，避免出现重大的风险或超出人类科技认知的严重后果。虽然农业产生的温室气体排放量可观，但在人类的历史上，农业相关的排放总量并不大，而且上百年来增幅极小，大气中现存的大多数的二氧化碳还是由燃烧化石燃料产生的，在这一点上我们必须有清醒的认识。尽管农业有减排的潜力，也可以被列入减少温室气体排放的行业中，但与其他行业相比，这部分温室气体排放我们既无法完全避免，也可以承受其中相当大的部分，所以既不宜设置过高目标，也不能贸然全面推进，气候保护和温室气体减排的重点还是要放在能源、工业、交通和建筑等领域。

气候保护和温室气体减排是一个非常复杂的问题，即使现在，很多关于减排的计算方法和相关的定义依然还在讨论甚至争议之中。在本书中我们看到，不仅化学工业这个碳减排复杂性最高的行业在化学科技的加持下能够达到碳中和的目标，而且化学科技还能够帮助其他行业实现温室气体减排。未来的碳中和事业还面临着巨大的挑战，无论是传统的无法

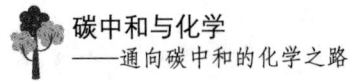

替代的难减排领域还是诸多新能源领域尚未解决的难题，都有待化学科技提供最终的解决方法。

化学科技即使作为一门现代科学，也有着超过300年的历史。从历史的维度看，当代的化学科技可以说相比之前已经有了巨大的发展，但事实上人类目前利用化学科技认识世界和改造世界的水平还停留在非常初级的阶段，这门古老的学科还有着巨大的发展空间。或许就在大家阅读本书的时候，化学家就会有所突破，极大地推动气候保护和碳中和事业前进。

参考文献

[1] 金涌，胡山鹰，张强，等.2060：中国碳中和[M].北京：化学工业出版社，2022.

[2] 中国长期低碳发展战略与转型路径研究课题组，清华大学气候变化与可持续发展研究院.读懂碳中和：中国2020—2050年低碳发展行动路线图[M].北京：中信出版社，2021.

[3] 德国化学技术与生物工程学会（DECHEMA）.迈向碳中和：欧洲化学工业的低碳技术路线[M].庞广廉，曾逸菲，朱良伟，等译.北京：化学工业出版社，2022.